하루 한 끼 다이어트

샌드위치&김밥

하루 한 끼 다이어트 샌드위치&김밥

—

2023년 6월 22일 1판 1쇄 인쇄
2023년 7월 03일 1판 1쇄 발행

—

지은이 김혜정
펴낸이 이상훈
펴낸곳 책밥
주소 03986 서울시 마포구 동교로23길 116 3층
전화 번호 02-582-6707
팩스 번호 02-335-6702
홈페이지 www.bookisbab.co.kr
등록 2007.1.31. 제313-2007-126호

—

기획·진행 정채영
디자인 디자인허브

ISBN 979-11-93049-03-7(13590)
정가 17,000원

책밥은 (주)오렌지페이퍼의 출판 브랜드입니다.

요요 없는 메종 테이블의
지속 가능한 다이어트 레시피 60

하루 한끼 다이어트
샌드위치&김밥

김혜정 지음

책밥

Prologue

흔히 '다이어트 식단'을 떠올리면 무의식적으로 '극단적' 혹은 '번거로움'과 같은 부정적인 단어가 연상되곤 합니다. 저 역시 처음 PT(Personal Training)를 등록하고 식단 관리를 시작했을 때만 해도 다이어트 식단은 부정적인 이미지로 다가왔습니다. 하지만 인스타그램 계정에 그날그날의 식단을 기록하기 시작하면서 '건강한 라이프스타일'을 추구하는 수많은 사람들과 소통하게 되었고, 이 과정에서 다이어트 식단은 단기간 혹은 일시적으로 실행하는 고통스러운 일이 아니라 삶의 일부로 즐겁게 실천하는 지속 가능한 일임을 깨달았습니다.

특히 샌드위치와 김밥이라는 메뉴는 점심 도시락을 자주 챙기는 직장인인 저에게 다이어트 식단이라는 고정관념을 깨면서도 '간편함'과 '식단 관리'라는 두 마리 토끼를 모두 잡을 수 있는 최고의 메뉴였습니다. 저 자신부터 질리지 않고 즐겁게 식단 관리를 해야 했기에 다양한 레시피를 고민하게 되었고, 그 과정에서 자연스럽게 노하우가 쌓여 이렇게 한 권의 책으로 탄생하게 되었습니다. 《하루 한 끼 다이어트 샌드위치&김밥》에는 요리 경험이 부족하더라도 일상에서 쉽게 접할 수 있는 재료로 누구나 맛있게 따라 만들 수 있는 레시피가 수록되어 있습니다.

닉네임 메종(mejong)은 저의 오랜 친구들이 제 이름을 빠르게 발음하는 과정에서 생긴 별명입니다. 부끄럽지만 독자 여러분들도 책 속 레시피를 따라 만드는 과정에서 미치 친한 친구가 요리를 알려주는 것 같은 친근감을 느꼈으면 하는 바람입니다. 책 속 60여 가지의 레시피를 시작으로 취향에 따라 재료를 다양하게 재조합하며 새로운 메뉴를 시도하는, 나만의 레시피가 생기는 재미를 느껴보세요.
《하루 한 끼 다이어트 샌드위치&김밥》이 즐거운 다이어트 식단과 건강한 라이프스타일에 도움이 되길 바랍니다.

2023년 여름, 김혜정 드림

Contents

PART 1
하루 한 끼
다이어트 샌드위치

1
탄단지 든든 샌드위치

2
가벼운 라이트 샌드위치

3
홈카페 별미 샌드위치

PART 2
하루 한 끼
다이어트 김밥

1
탄단지 든든 김밥

2
밥 없이도 맛있는 김밥

3
간단한 별미 김밥

About 메종

안녕하세요, 메종입니다!

대학 졸업 후 직장인으로서의 삶을 살던 시절, 저는 바쁜 일상에 치여 식사의 대부분을 외식으로 해결하거나 자극적인 음식으로 스트레스를 풀곤 했습니다. 저에게 '다이어트'라는 개념은 저칼로리 음식 섭취와 고강도 운동을 통한 단기간의 체중 감량 그 이상도 이하도 아니었는데요. 그러던 중 PT를 등록하게 되면서 전문가의 도움을 받아 운동과 식단 관리를 하게 되었어요. 이후 다이어트 기록을 목적으로 개인 SNS 계정에 식단 사진을 게재하면서 지금의 메종이 탄생하게 되었습니다.

2년이 넘는 시간 동안 '건강한 식단'이라는 주제로 개인 SNS 계정에 식단을 기록하면서 다이어트에서 가장 중요한 것은 단기간의 체중 감량이 아닌, 일상 속에서 함께하는 건강하고 지속 가능한 습관과 마음가짐이라는 것을 깨닫게 되었어요. 그렇게 특정 음식에만 제한된 다이어트 식단이 아닌, 건강한 식재료를 활용한 지속 가능한 식단을 추구하게 되었죠. 이 책은 이러한 저의 가치관이 반영된 결과물이라고도 할 수 있어요.

왜 샌드위치와 김밥을 선택하게 되었을까

건강한 다이어트를 하기 위해서는 3대 영양소라 불리는 '탄단지(탄수화물, 단백질, 지방)'를 골고루 섭취하는 것이 중요해요. 단순히 칼로리만 낮춘 저칼로리 식단을 하거나 특정 영양소에만 치우친 식단을 하게 되는 경우, 영양 불균형으로 인해 건강에 좋지 않을뿐더러 식사에 대한 만족도가 낮아지기 때문에 추후 요요현상이 있을 수 있어요.

이런 점에서 샌드위치와 김밥이라는 메뉴는 탄단지를 골고루 섭취할 수 있는 매력적인 메뉴입니다. 샌드위치의 빵과 김밥의 밥이 탄수화물로서의 역할을 하고 그 속에 달걀, 육고기와 같은 재료를 첨가함으로써 단백질과 지방을 섭취할 수 있어요. 채소를 듬뿍 넣어 먹을 수 있어 식이섬유와 포만감까지 챙길 수 있죠. 이름만 떠올렸을 때는 간단해 보일 수 있지만, 재료에 따라 그 속을 다채롭고 알차게 채울 수 있는 것이 바로 샌드위치와 김밥의 매력이자 장점이에요.

메종 레시피의 특징

요리를 전문적으로 배우거나 많이 해보지 않았더라도 '누구나 쉽게 만들 수 있는 레시피'라는 목표 하나만을 생각하며 레시피를 만들었습니다. 만들기 쉬워야 하기 때문에 레시피에 등장하는 대부분의 식재료는 주변에서 쉽게 구할 수 있는 것들을 사용했고, 양념 등의 밑작업도 부담되지 않는 선에서 최대한 간단하게 설명하고자 노력했어요. 처음에는 샌드위치를 포장하거나 김밥을 마는 과정이 어렵게 느껴질 수 있지만 반복해서 만들다 보면 나만의 요령을 터득할 수 있을 거예요. 뿐만 아니라 메뉴의 다양성을 위해서도 많은 고민을 했는데요. 다양한 색감의 재료를 사용해 시각적인 만족감을 주고 싶었고, 다이어트 식단에 필수적인 단백질을 기준으로 식재료가 최대한 중복되지 않게 구성하고자 했답니다. 《하루 한 끼 다이어트 샌드위치&김밥》을 통해 매일 비슷한 메뉴를 먹는다는 생각보다는 날마다 색다른 요리를 먹는 것 같은 기분이 든다면 좋겠습니다.

메종의 지속 가능한 식단 노하우

여러 번의 시행착오를 통해 깨닫게 된 다이어트 식단의 가장 중요한 포인트는 '지속 가능함'이라고 생각해요. 그렇기에 극단적인 다이어트보다는 식습관 개선을 통한 자연스러운 다이어트 노하우들을 공유하고자 했습니다. 당연한 내용일 수도 있지만 막상 일상생활 중 간과하거나 지키기 어려운 부분들이 있을 수 있으니 저와 함께 하나씩 차근차근 실천해 보는 건 어떨까요?

첫째   과자나 빵류의 간식을 줄이는 것으로 시작해보아요. 습관적으로 간식을 먹고 있다면 일주일 정도만 꾹 참아보세요. 놀랍게도 간식에 대한 생각이 덜 들게 될 거예요. 대신 매 끼니를 든든하게 챙겨 식단에 대한 만족감을 높여주세요.

둘째   물을 자주 마셔보세요. 물은 원활한 대사 활동을 위한 필수 요소이므로 수시로 충분히 섭취해주는 것이 좋아요. 카페에서 음료를 주문하는 경우에는 아메리카노나 티 종류 등 칼로리가 낮고 당 함량이 낮은 음료를 선택하는 것이 좋아요.

셋째   가장 중요한 것은 '식단에 제한을 두지 않는 것'이에요. 식사를 다이어트식과 일반식으로 나누는 이분법적 사고는 오히려 음식에 대한 집착을 만들어요. 계획한 대로 식단을 지키지 못하더라도, 외식을 하더라도 좌절하지 않고 꾸준함을 지키길 바랍니다.

메종의 식단 및 운동 이야기

사람마다 각자의 식사 패턴은 다양하지만 저는 하루에 세 끼를 꼬박꼬박 챙겨 먹고 있어요. 아침, 점심, 저녁을 각각 오전 9시, 오후 12시, 오후 6시쯤 비교적 규칙적인 시간에 먹습니다. 출근 준비로 바쁜 아침 시간대는 점심시간과의 간격이 짧기도 해서 달걀이나 두유 등으로 간단히 먹는 편이에요. 점심과 저녁 중 한 끼는 가볍게 먹으려 노력하고 나머지 한 끼는 음식 종류에 크게 제약을 받지 않고 먹되 과식은 하지 않으려 노력하고 있어요. 두 끼니 중 가볍게 먹을 때에는 이 책에서 소개한 다양한 샌드위치나 김밥 레시피를 활용하고 있답니다.

운동의 경우 헬스장을 다니고 있는데요. PT를 받은 것을 계기로 웨이트 트레이닝에 흥미가 생겨 유산소 운동과 병행하고 있어요. 날씨가 좋을 때는 공원을 산책하거나 제가 좋아하는 등산을 하기도 해요. 운동을 업으로 하지 않는 평범한 일반인의 입장에서, 운동할 때 가장 중요한 것은 '흥미를 가지고 자발적으로 꾸준히 할 수 있는가'입니다. 매일 고강도 운동을 하는 것보다는 운동에 대한 범위를 조금 더 넓게 생각해 보면 어떨까요? 운동 경험이 많이 없다면 가벼운 산책이나 홈트레이닝부터 시작해 보는 것도 좋아요. 의무감에 재미없게만 느껴지던 운동이 어느새 일상 속 활력이 되어 있을 거예요.

메종's
다이어트 샌드위치 TMI

메종의 다이어트 샌드위치 TMI를 모아 정리했습니다. 책 속 샌드위치 파트에서 자주 사용되는 재료들을 소개하고, 이를 레시피에 어떻게 사용하였는지 등을 이해하기 쉽게 정리해 두었어요. 여기에 메종만의 다이어트 노하우로 우리 모두 똑똑하고 꼼꼼한 다이어터가 되어 보자고요!

샌드위치용 빵은 통밀, 곡밀, 호밀빵으로

이 책에 등장하는 샌드위치 레시피에서는 일반적인 흰 식빵이 아닌, 통곡물식빵을 사용합니다. 통곡물식빵의 경우 흰 식빵에 비해 정제과정을 덜 거치기 때문에 영양소 손실이 적고, 식이섬유가 풍부해 포만감을 얻을 수 있어요. 처음에는 통곡물의 거친 식감이 어색하게 느껴질 수 있지만, 꼭꼭 씹어 먹다 보면 특유의 은은한 고소함이 느껴져 매력적이랍니다.

메종's 내돈내산 제품

- 김코치빵 : 통밀식빵, 통밀베이글, 프로틴식빵 등
- 바른식빵 : 통밀식빵, 통밀캄파뉴 등
- 더브레드블루 : 통밀식빵 등

채소는 다양하게

샌드위치의 큰 매력 중 하나는 신선한 채소를 듬뿍 섭취할 수 있다는 점이에요. 책 속 레시피에서는 다양한 채소를 사용했습니다.

버터헤드레터스, 청상추와 같은 잎채소는 재료를 안정적으로 쌓아 올려 만들어야 하는 '뚠뚠이 샌드위치'에 주로 활용하였고, 루꼴라 등 특유의 향이 있는 채소는 오픈 샌드위치에 사용함으로써 함께 사용한 다른 재료의 맛을 더욱 돋보이게 했답니다. 이 외에도 버섯, 가지, 애호박 등의 채소를 익혀 사용해 구운 채소만의 은은한 단맛을 즐길 수 있도록 했습니다. 레시피에 등장하지 않았더라도 본인의 취향에 따라 좋아하는 채소들로 책 속 레시피를 다양하게 응용해보세요!

무설탕 잼을 사용하자

샌드위치에 절대 빠질 수 없는 재료 중 하나는 바로 과일 잼입니다. 잼을 만들 때는 생각보다 많은 양의 설탕이 들어가기 때문에 당 함량이 자연스럽게 높아져요. 그렇기 때문에 다이어트 중에는 주의가 필요하죠. 하지만 요즘 시중에는 설탕 대신 대체감미료를 사용하여 당과 칼로리를 낮춘 제품이 많이 판매되고 있으니 해당 제품들을 사용해 다이어트 식단에 대한 부담을 덜어보아요.

메종's 내돈내산 제품

• 마이노멀: 저당·저칼로리 과일 잼
• 안단잼: 저당·저칼로리 과일 잼

저칼로리소스 및 기타 소스

이 책에서는 과일 잼 외에도 레시피에 다양한 소스들을 사용했어요. 편의를 위해 직접 만들기보단 시판 제품을 주로 사용했는데요. 단, 일반적인 소스들은 잼과 같이 대체적으로 당 함량이 높으니 가급적 대체감미료를 사용한 저당·저칼로리소스를 사용해주세요.

저당케첩·저당마요네즈
(마이노멀)

설탕 대신 알룰로스와 스테비아를 사용해 칼로리와 당 함량을 모두 낮춘 소스예요. 소스 삼총사라고 할 수 있는 마요네즈, 케첩, 머스터드를 다이어트 중에도 부담없이 사용할 수 있어요.

저칼로리 BBQ소스
저칼로리 스위트칠리소스
(비비드키친)

설탕 대신 알룰로스를 사용해 당 함량이 낮은 소스예요. 칼로리가 낮아 부담이 덜하면서도 음식의 맛을 더욱 풍부하게 해주어 자주 사용하고 있습니다.

발사믹글레이즈
(폰타나)

포도를 농축하여 달달하고 상큼한 맛을 내는 소스로, 샐러드류에 곁들여 먹으면 잘 어울려요. 다만 당 함량이 높은 편이기 때문에 다량 사용하지 않도록 주의해야 합니다.

홀그레인머스터드
(르네디종)

으깬 겨자씨가 들어 있어 입자 그대로를 느낄 수 있고 톡 쏘는 식감으로 샌드위치의 맛을 더욱 풍부하게 해요.

수제바질페스토
(아빠라구)

인공감미료와 보존료가 들어있지 않은 페스토로, 신선하고 향긋한 맛을 가득 느낄 수 있어요.

메종's
샌드위치 포장법 및 꿀팁

샌드위치 단단하게 포장하는 법

이 책에서는 샌드위치를 포장할 때 글래드매직랩을 사용했어요. 글래드매직랩의
경우 랩 한쪽 면이 끈적이기 때문에 샌드위치를 보다 안정적으로 단단하게 포장
할 수 있어요.

1 랩은 샌드위치 크기보다 넓게 잘라 다이아몬드 모양으로 놓는다. 끈적이는 면이 아래를 향하도록 두고 포장할 샌드위치를 가운데에 놓는다.

2 손으로 샌드위치 윗부분을 가볍게 누른 후 랩을 좌우, 위아래로 접어 올리면서 끈적이는 면들이 서로 붙게끔 고정시켜 1차로 포장한다.

※ 1차 포장 시 매직 등으로 자를 방향을 미리 표시해 두면 마지막 단계에서 샌드위치의 단면이 예쁘게 나오도록 자를 수 있어요.

3 랩 한 장을 추가로 더 잘라 끈적이는 면이 위쪽을 향하도록 한 후 1차 포장한 샌드위치를 뒤집어 서로 접착한다.

4 빈틈없이 단단하게 포장하기 위해 1차 포장 시보다 힘을 주어 좌우, 위아래로 랩을 잡아당겨 올리며 접착한다.

5 샌드위치를 다시 뒤집어 마지막 접착면이 바닥을 향하도록 한 후 매직으로 표시한 부분을 따라 칼로 자른다.

메종's 꿀팁

○ 빵 위에 재료를 올릴 때에는 단면을 생각하면서 올려주세요. 예를 들어 아래 사진 1, 2, 3과 같은 경우, 세로가 아닌 가로 방향으로 잘라야 추후 샌드위치 단면이 예쁘게 나옵니다.

○ 샌드위치 속 재료들을 쌓아 올릴 때 색감이 서로 다른 재료들을 인접하게 배치하면 알록달록한 단면을 만들 수 있어요.

※ 식빵 – 청상추(초록) – 달걀(노랑) – 토마토(빨강) – 치즈(하양)

○ 속재료의 경우 치즈 등과 같이 수분이 적은 재료는 빵과 맞닿게 하고, 토마토 등 수분이 많은 재료를 중간에 배치하면 샌드위치 빵이 눅눅해지는 것을 방지할 수 있어요.

○ 빵 칼을 사용하면 샌드위치를 더욱 깔끔하게 자를 수 있어요.

메종's
다이어트 김밥 TMI

메종의 다이어트 김밥 레시피 TMI를 모아 정리했어요. 책 속 김밥 레시피에 자주 사용되는 속재료에 대한 이야기와 이를 다이어트 식단에 어떤 식으로 활용하였는지 등을 소개합니다. 더불어 김밥 만들기 초보자들을 위한 추천템 등 메종의 김밥 노하우가 모두 담겨있으니 이제 자신 있게 김밥을 말아보자고요!

현미, 잡곡, 곤약밥

샌드위치를 만들 때 흰 밀가루식빵 대신 통밀식빵을 사용한 것처럼 김밥을 만들 때에도 백미보다는 현미, 잡곡, 곤약밥 등을 사용했습니다. 현미, 잡곡밥은 흰 쌀밥에 비해 식이섬유가 풍부하여 포만감이 높고 혈당지수인 GI지수가 낮아 다이어트에 효과적이에요. 곤약밥의 경우 일반 쌀밥에 비해 칼로리가 낮은 편이기 때문에 섭취 양에 비해 칼로리 부담이 적다는 장점도 있어요. 다만 소화기능이 약한 분들에게는 현미, 잡곡, 곤약밥이 오히려 부담이 될 수 있기 때문에 평소보다 꼭꼭 씹어 먹거나 흰 쌀밥 먹는 것을 추천해요. 특정 종류의 밥으로 제한하거나, 레시피상의 밥과 동일하게 만들지 않아도 괜찮으니 본인의 취향과 체질을 잘 반영하여 다양한 김밥을 만들어보세요!

속재료 이야기

김밥 한 줄 만으로도 '탄단지'를 골고루 섭취할 수 있도록 1가지 이상의 단백질과 채소를 풍부하게 넣어 메뉴를 구성했어요. 달걀, 연어, 닭가슴살, 새우, 참치, 소고기, 두부 등 다양한 단백질과 당근, 오이, 시금치, 부추 등의 채소들로 완성된 30가지의 다채로운 레시피를 담았습니다.

자주 사용하는 소스들

김밥은 다양한 재료가 들어가는 요리인 만큼 속재료의 간이 중요해요. 그래야 모든 재료가 합쳐졌을 때 그 맛이 배가 되기 때문이죠. 그렇기 때문에 소스의 역할이 굉장히 중요한데요. 이 책에서는 아래 8가지의 소스를 주로 사용했습니다. 소스를 직접 만드는 경우 대체감미료 등을 사용해 당 함량과 칼로리에 대한 부담을 낮추었고, 시판 소스의 경우 저당·저칼로리 제품을 사용하거나 부득이한 경우 양을 적게 사용함으로써 다이어트에 부담이 되지 않도록 했습니다.

참기름

김밥용 밥을 밑간할 때에는 대부분 참기름을 사용합니다. 고소한 참기름만으로도 김밥의 맛과 향이 한층 업그레이드된답니다.

스테비아

겨자소스, 단촛물소스 등 설탕을 필요로 하는 소스에는 대체감미료인 스테비아를 사용하여 칼로리와 당 함량을 낮추었어요.

굴소스

음식의 감칠맛을 살리는 마법 소스인 굴소스는 볶음밥, 스크램블에그 등에 사용했어요. 단, 시판 굴소스는 당 함량이 높으므로 다량을 사용하지 않도록 주의해야 합니다.

연두

연두는 콩 발효액에 채소를 우려 깊은 풍미를 내는 소스로, 두부면 등 밥 이외의 재료에 밑간할 때 사용했어요.

알룰로스

알룰로스는 스테비아와 같이 칼로리가 낮은 대체감미료의 일종으로, 올리고당이나 요리당 대신 사용했어요. 불고기소스, 우엉조림소스, 멸치볶음소스 등을 만들 때 진간장과 함께 사용하면 달콤하고 짭조름한 맛을 낼 수 있어요.

저낭고추장

일반 고추장의 경우 설탕 함량이 높기 때문에 시중에 판매되는 저당고추장을 칼로리가 거의 없는 스리라차소스와 함께 사용해 매콤소스를 만들어 사용했습니다.

○ **직사각형 프라이팬**: 달걀은 김밥의 필수 재료라고 해도 과언이 아닌 만큼 김밥 레시피에는 달걀이 자주 등장해요. 직사각형 프라이팬이 있는 경우, 원형 프라이팬에서 만드는 달걀말이와는 달리 굵기가 균일한 예쁜 모양의 달걀말이를 만들 수 있어요. 뿐만 아니라 얇은 달걀지단을 부칠 때에도 굉장히 유용해요.

○ **채칼**: 이 책에는 김밥의 예쁜 단면을 위해 당근, 오이, 우엉 등의 채소를 잘게 채 썰어 준비해야 하는 레시피가 많아요. 일반 칼을 사용해도 괜찮지만 채칼을 사용하면 더욱 빠르고 쉽게 재료를 손질할 수 있어요. 단, 채칼 사용 시 날카로운 면에 손이 다치지 않도록 주의해주세요.

○ **칼갈이**: 김밥의 최종 단면을 결정짓는 마지막 관문은 바로 김밥을 먹기 좋은 크기로 알맞게 자르는 과정인데요. 이때 칼이 너무 무디면 김밥이 깔끔하게 썰리지 않거나 터질 수 있어요. 미리 잘 갈아둔 칼을 사용하면 김밥을 두껍지 않게 원하는 크기로 자르기 쉬워요.

메종's
김밥 마는 법 및 꿀팁

터지지 않게 김밥 마는 법

1   김밥김의 거친 면은 위쪽을 향하도록 놓고 길이가 긴 쪽은 가로 방향으로 놓는다.

    ※ 속재료가 풍성해 김밥이 터질 것이 걱정된다면 김 1½장 혹은 2장의 양 끝이 서로 일부 겹치도록 합니다.

2   김밥김 위쪽의 1/5 부분을 제외한 나머지 부분에 밥을 골고루 얇게 펴고 밥 위에 속재료들을 골고루 올린다.

    ※ 재료에 잎채소가 포함되는 경우, 나머지 재료들을 덮어주는 느낌으로 마지막에 올리면 더욱 안정적으로 김밥을 말 수 있어요.

3 모든 재료를 올린 후 양 엄지 손가락으로 김의 아랫부분을 위로 올리고, 나머지 손가락으로 속재료들이 움직이지 않도록 잘 잡아가며 힘주어 단단히 말아준다. 가장자리 부분은 바닥을 향하도록 잠시 두고 재료들의 수분으로 인해 김이 잘 붙도록 고정시킨다.

4 가장자리 부분이 고정되면 먹기 좋은 크기로 썬다.

메종's 꿀팁

- 김과 가장 먼저 닿는 재료(밥 등)가 너무 뜨거울 경우 김이 쉽게 쪼그라들 수 있어요. 한 김 식힌 후 올려주세요.

- 속재료를 모두 올리고 김밥을 말기 전, 김밥 끝부분에 물이나 참기름을 바르면 가장자리 부분을 잘 고정시킬 수 있어요.

- 칼을 갈아 사용하면 김밥을 깔끔하게 자를 수 있어요. 칼날이 무딘 경우 자르는 과정에서 터질 수 있으니 주의해주세요.

- 손으로 마는 것이 어려울 경우 김발을 사용해보세요.

메종's
레시피 계량법

계량스푼 등의 도구 없이도 누구나 쉽게 계량할 수 있도록 책 속 레시피에는 스푼, 작은스푼, 꼬집 등의 계량법을 사용했어요. 스푼의 경우 집에서 흔히 사용하는 밥숟가락을 사용하였고, 작은스푼의 경우 아이스크림이나 요거트를 떠먹을 때 사용하는 스푼 정도의 크기예요. 정확하게 계량하지 않아도 괜찮으니 아래 사진들을 참고해 대략적인 느낌을 봐주세요. 소스나 액체류가 아닌 부피감 있는 재료들은 g 등으로 기재해 두었어요. 단, 주방용 저울은 요리할 때 매우 유용하므로 하나쯤 장만해 두는 것을 추천합니다.

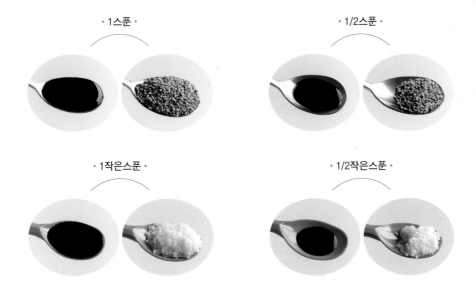

· 1스푼 ·

· 1/2스푼 ·

· 1작은스푼 ·

· 1/2작은스푼 ·

· 한 꼬집(손가락 끝으로 집을 만한 분량) ·

메종's
속재료 만들기

당근라페와 후무스, 그릭요거트는 샌드위치와 김밥 파트에 공통적으로 들어가는 속재료입니다. 3가지 모두 시판 제품을 사용해도 무관하지만, 한번에 대량으로 만들어 두면 레시피 제조 시 간편하게 활용할 수 있을 뿐만 아니라 비용적인 면에서도 크게 도움이 됩니다.

당근라페

라페(râpées)는 프랑스어로 '채 썰다'라는 의미로, 당근라페는 당근을 채 썰어 각종 소스에 절인 프랑스식 샐러드입니다. 새콤하면서도 아삭한 식감을 가져 피클과 비슷해요. 샌드위치와 김밥의 속재료로 활용하기 좋고, 생 당근을 싫어하는 이들도 부담 없이 맛있게 먹을 수 있으니 꼭 만들어보세요! 만든 후 하루 정도 숙성하면 맛이 더욱 깊어진답니다.

재료

당근 250g

소금 1/2작은스푼

당근라페소스(홀그레인머스터드 2작은스푼, 올리브유 4작은스푼, 레몬즙 2작은스푼, 알룰로스 2작은스푼, 후추 한 꼬집)

만드는 법

1 당근은 채칼을 이용해 얇게 채 썬 후 소금에 절여 10분 이상 숨을 죽인다.
2 절인 당근은 물기를 꼭 짜서 제거한 후 당근라페소스를 넣고 잘 버무려 완성한다.

후무스

후무스는 병아리콩을 삶아 으깨어 디핑소스 혹은 스프레드의 형태로 만들어 먹는, 중동지역에서 많이 먹는 음식이에요. 식물성 단백질이 풍부하고 각종 향신료가 첨가되어 이국적인 맛을 느낄

수 있어요. 책 속 샌드위치나 김밥의 속재료로 활용할 수 있을 뿐
만 아니라 크래커나 채소 스틱에 디핑소스로 곁들여 먹어도 맛있
답니다.

재료

병아리콩 500g

소금 1/2스푼

후무스소스(마늘 2알, 참깨 1스푼,
참기름 2스푼, 올리브오일 4스푼,
레몬즙 1스푼, 커리파우더 1/2스푼,
파프리카파우더 1/2스푼, 무가당두
유 190ml)

만드는 법

1 병아리콩은 깨끗이 세척해 물에 6시간 이상 불린다.

   ※ 하루 전에 미리 불려 두는 것을 추천해요.

2 끓는 물에 불린 병아리콩과 소금 1/2스푼을 넣고 30분 이상 삶
   아 푹 익힌다.

3 믹서에 2의 병아리콩과 후무스소스를 넣고 골고루 섞이도록
   잘 갈아준다.

   ※ 취향에 따라 무가당두유의 양을 가감해 후무스의 묽음 정도를 조절해주
   세요.

그릭요거트

그릭요거트는 일반 요거트의 유청을 제거하여 만드는데, 일반 요
거트보다 단백질은 높고 나트륨과 당 함량은 낮아서 다이어터들
에게 인기가 많아요. 전자레인지나 밥솥을 활용해 만드는 방법도
있지만 개인적으로 준비 과정이나 위생상 번거로운 부분이 있어
유청 분리기를 사용하는 것을 추천합니다. 아래 만드는 법의 경우
베어그릭스 사의 제품을 사용했습니다.

재료

무가당 플레인요거트 1.7L(혹은 유
청 분리기 크기에 맞춰 양을 조절)

만드는 법

1 무가당 플레인요거트를 유청 분리기에 넣고 누름판을 올린 후
   15시간 이상 냉장 보관한다.

2 1차적으로 유청이 분리되면 이후 누름판에 스프링을 추가해
   압력을 주어 2차로 분리한다.

   ※ 유청 분리 시 누름판에 스프링을 추가해 압력을 가하면 더욱 꾸덕한 질감
   의 그릭요거트가 완성돼요.

3 2차 분리 시 원하는 꾸덕함 정도에 따라 시간을 조절하여 완성
   한다.

PART 1
하루 한 끼
다이어트 샌드위치

1

탄단지 든든
샌드위치

다이어트를 할 때 식단은 매우 중요하죠. 하지만 무조건 칼로리만 낮은 식단이 아닌, 탄단지(탄수화물, 단백질, 지방)를 균형있게 섭취하는 것이 중요한데요. 이번 파트에서는 체중 조절에 부담되지 않는 재료들을 활용해 탄단지를 챙길 수 있는 샌드위치 레시피를 소개합니다. 특히 두 끼에 걸쳐 나눠 먹어도 되는 '뚠뚠이 샌드위치'는 높은 포만감에 예쁜 비주얼이 더해져 보는 재미까지 느낄 수 있어요.

탄단지 든든

밤호박에그
샌드위치

인스타그램의 '메종 샌드위치 모음'에서 가장 인기 있었던 샌드위치 레시피예요. 밤호박과 반숙 달걀이 가득 들어가 있어 포만감이 높고, 밤호박에그샐러드 속 스위트콘의 톡톡 터지는 식감이 매력적이에요.

Mejong's Tip

• 파근파근한 식감을 좋아한다면 밤
호박을, 좀 더 부드러운 식감을 좋
아한다면 단호박을 사용해보세요.
• 달걀은 완숙이 아닌 반숙을 사용하
면 소스를 추가하지 않아도 부드러
운 속재료가 완성돼요.

 재료

통밀베이글 1개
미니밤호박 1/3개(80g)
반숙란 4개
버터헤드레터스 7장
토마토 1/2개
유기농 스위트콘 1스푼
저염 슬라이스치즈 1장
무설탕 블루베리잼 2작은스푼

만드는 법

1 밤호박은 전자레인지에 넣고 약 3분간 돌려 완전히 익힌 후 씨
를 제거하여 준비한다.

2 토마토는 얇게 4등분하고 버터헤드레터스는 끝부분을 다듬어
준비한다.

3 으깬 밤호박과 반숙란에 유기농 스위트콘 1스푼을 넣고 재료를
모두 섞어 밤호박에그샐러드를 만든다.

4 통밀베이글은 토스트 한 후 안쪽 면에 무설탕 블루베리잼을 바
른다.

5 통밀베이글 한쪽 면 위에 저염 슬라이스치즈-밤호박에그샐러
드-토마토-버터헤드레터스를 순서대로 올린 후 나머지 면으
로 덮는다.

6 랩으로 단단하게 포장한 후 2등분하여 두 끼에 나눠 먹는다.

수비드닭가슴살 샌드위치

다이어트 식단 하면 떠오르는 식재료 중 하나인 닭가슴살에 신선한 생채소들을 더해 다이어트 식단의 정석이라 해도 손색 없는 메뉴예요. 닭가슴살 식단에 익숙하지 않은 사람들에게 입문용으로 추천하고 싶은 레시피랍니다.

Mejong's Tip

• 2번 과정에서 노른자 2개를 붙여
구우면 더 예뻐요. 숟가락 등을 사
용해 노른자 2개가 서로 붙도록 위
치를 조절해주세요.

 재료

통밀식빵 2장
수비드닭가슴살 100g
달걀 2개
청상추 7장
오이 1/2개
토마토 1/2개
저염 슬라이스치즈 1장
무설탕 딸기잼 1작은스푼
저당머스터드 1작은스푼
올리브오일 1/2스푼

 만드는 법

1 수비드닭가슴살은 먹기 좋은 크기로 찢는다.

2 소량의 올리브오일을 둘러 달군 팬에 달걀 2개를 붙여 구워 달
   걀프라이를 만든다.

3 오이는 채 썬 후 키친타월로 물기를 제거하고, 토마토는 얇게 4
   등분한다. 청상추는 식빵 크기에 맞춰 끝부분을 자른다.

4 통밀식빵은 토스트 한 후 각 면에 무설탕 딸기잼과 저당머스터
   드를 바른다.

5 랩 위에 통밀식빵 1장을 올린 후 저염 슬라이스치즈-수비드닭가
   슴살-달걀프라이-오이-토마토-청상추를 순서대로 올린다.

6 나머지 면으로 덮고 랩으로 단단하게 포장한 후 2등분하여 두
   끼에 나눠 먹는다.

상큼오리
샌드위치

기름기가 많아 자칫 느끼할 수 있는 오리고기를 상큼하게 만드는 비결은 바로 오렌지예요! 오리고기와 오렌지는 의외로 조합이 좋은데요. 저희 가족도 정말 맛있다며 칭찬한 메뉴라 자신 있게 소개하는 레시피랍니다.

1개(2회분)

Mejong's Tip

• 훈제오리는 에어프라이어로 조리
하는 대신 뜨거운 물에 데쳐 준비
해도 좋아요. 단, 장시간 데치는 경
우 고기의 식감이 퍽퍽해질 수 있
으니 주의해주세요.

 재료

통밀식빵 2장
훈제오리 200g
청상추 6장
빨강 파프리카 1/2개
오렌지 1/2개
홀그레인머스터드 1작은스푼
저칼로리 스위트칠리소스 1작은스푼

 만드는 법

1 훈제오리는 180°C의 에어프라이어에서 10분간 구운 후 기름기
   를 제거해 준비한다.

2 빨강 파프리카는 얇게 썬다.

3 오렌지는 얇게 썬다.

4 청상추는 식빵 크기에 맞춰 끝부분을 자른다.

5 통밀식빵은 토스트 한 후 한쪽 면에는 홀그레인머스터드를, 다
   른 한쪽에는 저칼로리 스위트칠리소스를 바른다.

6 홀그레인머스터드를 바른 면 위에 청상추 3장-훈제오리-오렌
   지-파프리카-청상추 3장을 순서대로 올린 후 저칼로리 스위트
   칠리소스를 바른 면으로 덮는다.

7 랩으로 단단하게 포장한 후 2등분하여 두 끼에 나눠 먹는다.

햄오믈렛
샌드위치

타마고산도가 떠오르는 두툼한 달걀 덕분에 시각적으로 큰 만족감을 주는 샌드위치예요. 폭신한 식감의 달걀에 잘 익어 고소한 아보카도가 어우러져, 부드러운 식감을 좋아하는 사람들에게 추천하는 메뉴입니다.

Mejong's Tip

• 1번 과정에서 달걀물을 체에 거르 면 더욱 부드러운 오믈렛이 완성 돼요.
• 오믈렛을 만들 때 미니 사각팬을 활용하면 모양을 잡기가 수월해요.

 재료

통밀베이글 1개
달걀 4개
닭가슴살햄 5장
아보카도 1/2개
우유 3스푼
올리브오일 1/2스푼
무설탕 딸기잼 1작은스푼
홀그레인머스터드 1작은스푼

 만드는 법

1 달걀 4개에 우유 3스푼을 넣고 잘 섞어 달걀물을 만든다.

2 소량의 올리브오일을 둘러 달군 팬에 달걀물 1/2 분량을 붓고 약 불에서 스크램블에그를 만들 듯 휘젓는다. 아랫면이 익기 전 베 이글 크기에 맞춰 모양을 잡고, 남은 달걀물을 추가해 두툼한 오 믈렛을 만든다.

3 아보카도는 얇게 7등분한다.

4 통밀베이글은 반으로 자른 후 토스트 하고 각 면에 무설탕 딸기 잼과 홀그레인머스터드를 바른다.

5 통밀베이글 한쪽 면에 2의 오믈렛 - 닭가슴살햄 - 아보카도를 순 서대로 올린 후 나머지 면으로 덮는다.

6 랩으로 단단하게 포장한 후 2등분하여 두 끼에 나눠 먹는다.

연어 샌드위치

연어는 제가 정말 좋아하는 식재료 중 하나예요. 그래서인지 일상에서 자주 먹곤 하는데요. 연어 샌드위치의 싱싱한 연어회와 부드러운 달걀지단의 조합은 맛이 없을 수가 없죠! 달걀지단 속 톡톡 튀는 스위트 콘의 식감도 정말 매력적이에요.

→ **분량**

1개(2회분)

Mejong's Tip

- 3번 과정에서 달걀부침을 만들 때 미니 사각팬을 활용하면 모양을 잡기 수월해요.
- 양파의 알싸한 맛을 느끼고 싶다면 1번 과정을 생략해도 좋아요.
- 와사비마요를 만들 때 취향에 따라 와사비의 양을 가감해주세요.

 → **재료**

통밀식빵 2장
연어 150g
달걀 1개
양파 50g
청상추 6장
유기농 스위트콘 1스푼
케이퍼 12알
올리브오일 1/2스푼
소금 한 꼬집
홀그레인머스터드 1작은스푼
와사비마요(저당마요네즈 1작은스푼, 와사비 약간)

 → **만드는 법**

1 양파는 얇게 채 썬 후 차가운 물에 담가 매운맛을 제거한다.

2 달걀에 유기농 스위트콘과 소금 한 꼬집을 넣고 잘 섞는다.

3 소량의 올리브오일을 둘러 달군 팬에 2의 달걀물을 붓고 스크램블에그를 만들 듯 휘젓는다. 이후 식빵 크기에 맞춰 모양을 잡으며 충분히 익힌다.

4 연어는 적당한 두께로 자른다.

5 통밀식빵은 토스트한 후 각 면에 와사비마요와 홀그레인머스터드를 바른다.

6 와사비마요를 바른 면 위에 3의 달걀지단 – 연어 – 양파 – 케이퍼 – 청상추를 순서대로 올린 후 홀그레인머스터드를 바른 면으로 덮는다.

7 랩으로 단단하게 포장한 후 2등분하여 두 끼에 나눠 먹는다.

참치당근라페
샌드위치

다소 생소하게 느껴질 수 있는 참치와 당근라페의 조합 역시 제가 정말 좋아하는 조합 중 하나예요. 요거트참치와 당근라페 자체에 기본 간이 되어 있기 때문에 별도의 잼이나 소스를 바르지 않아도 충분히 맛있답니다!

분량

1개(2회분)

Mejong's Tip

• 당근라페는 미리 만들어 하루 정도 숙성하면 더욱 맛있게 즐길 수 있어요.
• 에그슬라이서 사용 시 힘을 한 번에 빠르게 주면 달걀을 더욱 깔끔하게 자를 수 있어요. 뜨거운 상태의 달걀보다는 차갑거나 한 김 식은 상태의 달걀을 사용해주세요.

 재료

통밀식빵 2장
통조림참치 1캔(100g)
완숙란 2개
당근라페 100g
버터헤드레터스 7장
저염 슬라이스치즈 1징
무가당 플레인요거트 1스푼

 만드는 법

1 통밀식빵은 토스트 하고 버터헤드레터스는 식빵 크기에 맞춰 끝부분을 다듬어 준비한다.

2 당근라페는 24쪽을 참고해 미리 만들어 준비한다.

3 참치는 기름을 제거한 후 무가당 플레인요거트를 넣고 잘 섞는다.

4 에그슬라이서로 완숙란을 자른다.

5 통밀식빵 한쪽 면에 저염 슬라이스치즈-당근라페-3의 요거트참치-완숙란-버터헤드레터스를 순서대로 올린 후 나머지 면으로 덮는다.

6 랩으로 단단하게 포장한 후 2등분하여 두 끼에 나눠 먹는다.

템페 샌드위치

템페는 콩을 발효해 만든 고단백 인도네시아 전통 음식이에요. 담백한 맛을 듬뿍 느낄 수 있으면서 템페와 달걀로 식물성 및 동물성 단백질을 골고루 챙길 수 있는 레시피랍니다.

HOTEL DE FRANCE
2 Cite du Parc, Nice, France 06300

분량

1개(1회분)

Mejong's Tip

• 당근라페는 미리 만들어 하루 정 도 숙성하면 더욱 맛있게 즐길 수 있어요.
• 템페는 얇게 여러 조각으로 썰 수 록 굽는 과정에서 노릇노릇해져 더 욱 맛있어요. 단, 너무 얇을 경우 굽 는 과정에서 부서져 모양이 흐트러 질 수 있으니 주의해 주세요.

 재료

작은 통밀식빵 2장(60g)
템페 100g
달걀 1개
당근라페 70g
버터헤드레터스 6장
올리브오일 1스푼
소금 한 꼬집
후추 한 꼬집

 만드는 법

1 당근라페는 24쪽을 참고해 미리 만들어 준비한다.

2 올리브오일 1/2 분량을 두른 팬에 달걀을 넣고 달걀프라이를 만 든다.

3 올리브오일 1/2 분량을 두른 팬에 얇게 썬 템페를 올린 후 소금, 후추를 한 꼬집씩 뿌려 노릇노릇하게 굽는다.

4 버터헤드레터스는 끝부분을 잘라내고 통밀식빵은 토스트한다.

5 통밀식빵의 한쪽 면에 버터헤드레터스 – 당근라페 – 템페 – 달걀 프라이를 순서대로 올린 후 나머지 면으로 덮는다.

6 랩으로 단단하게 감싼 후 2등분한다.

새우아보카도
샌드위치

새우와 아보카도가 만나면 고소함이 두 배가 됩니다.
그래서인지 새우를 넣은 샌드위치에는 아보카도가
꼭 따라오는 것 같아요. 쌀치아바타를 사용하면 식감
이 더욱 쫄깃해져요.

Mejong's Tip

• 완성된 샌드위치를 랩으로 포장
하면 더욱 더 간편하게 먹을 수 있
어요.
• 취향에 따라 3번 과정에서 파프리
카가루를 약간 뿌려도 좋아요.

 재료

쌀치아바타 1개(80g)

새우 8마리(80g)

토마토 1/2개

아보카도 1/2개

샐러드믹스 한 줌(40g)

홀그레인머스터드 1작은스푼

올리브오일 1/2스푼

 만드는 법

1 후숙이 잘된 아보카도를 포크 등으로 으깨어 아보카도스프레드
   를 만든다.

2 샐러드믹스는 잘게 썰고 토마토는 얇게 썬다.

3 소량의 올리브오일을 둘러 달군 팬에 새우를 굽는다.

4 쌀치아바타는 반으로 잘라 토스트 하고, 각 면에 홀그레인머스
   터드와 아보카도스프레드를 바른다.

5 쌀치아바타 한쪽 면에는 새우를, 다른 한쪽 면에는 샐러드믹스
   와 토마토를 올린다.

6 양쪽 면이 맞닿도록 접어 샌드위치를 완성한다.

비프 샌드위치

한 샌드위치 가게에서 '루벤 샌드위치'를 정말 맛있게 먹은 기억이 있어, 건강한 버전의 루벤 샌드위치를 고민하며 만든 레시피예요. 소고기의 살코기 부위에 각종 향신료가 첨가된 '파스트라미'가 들어가는 레시피로, 이제 집에서도 맛집 부럽지 않은 샌드위치를 즐겨 보세요!

Mejong's Tip

• 파스트라미의 경우 보존료 등의 첨가물이 적은 제품을 사용해주세요.
• 3번 과정에서 토스트 하는 것을 생략하고, 5번 과정까지 완료 후 샌드위치를 통째로 토스트 하면 따뜻하게 즐길 수 있어요.

 재료

호밀빵 2장(60g)
파스트라미 100g
양배추 130g
저염 슬라이스치즈 1장
소금 1/2작은스푼
양배추절임소스(식초 1스푼, 후추 한 꼬집)
케요네즈소스(저당케첩 1/2작은스푼, 저당마요네즈 1작은스푼, 스리라차소스 1/3작은스푼, 레몬즙 3방울)

 만드는 법

1 채칼로 잘게 채 썬 양배추에 소금 1/2작은스푼을 넣고 절인다. 이후 꼭 짜서 물기를 제거한 후 양배추절임소스를 넣고 버무려 양배추절임을 만든다.

2 파스트라미는 손으로 대강 찢고, 케요네즈소스 재료는 함께 잘 섞는다.

3 토스트 한 호밀빵의 한쪽 면에 저염 슬라이스치즈를 올리고, 다른 한쪽에는 케요네즈소스를 바른다.

4 양배추절임은 꼭 짜서 물기를 한 번 더 제거한 후 케요네즈소스를 바른 면 위에 올린다.

5 양배추절임 위에 파스트라미를 올린 후, 저염 슬라이스치즈를 올린 면으로 덮는다.

6 랩으로 단단하게 감싼 후 먹기 좋게 2등분한다.

두툼길거리 샌드위치

휴게소나 길에서 종종 볼 수 있을법한 길거리 토스트를 다이어터를 위한 건강한 버전으로 만들어 보았어요. 달걀물에 각종 채소들을 버무려 두툼하게 부쳤기 때문에 포만감도 두둑히 느낄 수 있어요.

Mejong's Tip

• 샌드위치용 햄의 경우 보존료 등의 첨가물이 적은 제품을 사용해주세요.
• 달걀부침이 두툼하기 때문에 안쪽까지 골고루 익을 수 있도록 약불에서 천천히 부쳐주세요.

 재료

통밀식빵 1장
달걀 2개
샌드위치용 햄 1장
양배추 80g
낭근 50g
대파 10g
저염 슬라이스치즈 1장
저당케첩 1작은스푼
저당머스터드 1작은스푼
올리브오일 1/2스푼
소금 한 꼬집
스테비아 1/2작은스푼

 만드는 법

1 양배추와 당근은 얇게 채 썰고, 대파는 잘게 썬다.

2 달걀에 소금 한 꼬집, 스테비아 1/2작은스푼을 넣고 섞어 달걀물을 만든다.

3 달걀물에 채 썬 양배추와 당근, 대파를 모두 넣고 잘 섞는다.

4 소량의 올리브오일을 둘러 달군 팬에 3을 부어 달걀부침을 만든 후 식빵 크기에 맞춰 모양을 잡고 한 김 식혀 반으로 자른다.

5 통밀식빵은 토스트 한 후 반으로 잘라 각 면에 저당케첩과 저당머스터드를 바른다. 저염 슬라이스치즈와 샌드위치용 햄은 각각 2등분한다.

6 통밀식빵의 각 면에 달걀부침-샌드위치용 햄-저염 슬라이스치즈-달걀부침을 순서대로 올린 후 양면이 서로 맞닿도록 합쳐 완성한다.

2

가벼운 라이트
샌드위치

탄단지 샌드위치에서는 소고기 등 묵직한 단백질을 포함한 재료로 만든 뚠뚠이 샌드위치를 주로 소개했다면, 이번에는 비교적 라이트한 느낌의 샌드위치 레시피들을 소개해 볼게요. 건강하면서도 칼로리 부담이 적은 재료들을 사용해 색다른 맛의 조합을 느낄 수 있어요. 낫토, 버섯, 후무스 등 식물성 단백질을 섭취할 수 있는 레시피도 포함되어 있답니다.

리코타햄오이
샌드위치

샐러드 및 샌드위치류와 굉장히 잘 어울리는 리코타
치즈는 치즈 중에서 칼로리가 낮은 편이에요. 리코
타치즈의 고소함과 부드러움이 오이의 아삭함과 만
나 만들어진 레시피로, 딸기잼의 은은한 단맛까지 느
낄 수 있어요.

 재료

작은 통밀식빵 2장(60g)
닭가슴살햄 3장
리코타치즈 70g
오이 1/2개
토마토 1/2개
무설탕 딸기잼 1작은스푼

 만드는 법

1　오이는 동그란 모양으로 얇게 저민다.

2　토마토는 4등분한다.

3　리코타치즈는 70g 준비한다.

4　통밀식빵은 토스트 하여 한쪽 면에는 무설탕 딸기잼을, 다른 한
　쪽에는 리코타치즈를 바른다.

5　리코타치즈를 바른 면 위에 토마토 - 오이 - 닭가슴살햄을 순서대
　로 올리고 무설탕 딸기잼을 바른 면으로 덮는다.

6　랩으로 단단하게 감싼 후 2등분한다.

그릭사과
샌드위치

특유의 꾸덕한 질감으로 인기가 많은 그릭요거트는 과일과 함께 먹으면 그 맛이 배가 되는데요. 특히 사계절 내내 쉽게 구할 수 있는 사과와의 조합이 정말 좋답니다. 둘의 조합을 샌드위치 속에서도 느껴보세요!

1개(2회분)

Mejong's Tip

- 사과와 사과잼 대신 무화과와 무화
  과잼 조합으로 즐겨도 좋아요.
- 2번 과정에서 노른자 2개를 붙여
  만들면 샌드위치 단면이 더욱 예
  뻐요. 숟가락 등을 사용해 노른자
  두 개가 서로 붙도록 위치를 조절
  해주세요.

 재료

통밀식빵 2장
닭가슴살햄 5장
달걀 2개
청상추 5장
오이 1/2개
사과 1/2개
그릭요거트 1스푼
무설탕 사과잼 1작은스푼
올리브오일 1/2스푼

 만드는 법

1 사과는 씨 부분을 도려내고 얇게 자른다.

2 소량의 올리브오일을 둘러 달군 팬에 달걀을 넣고 노른자 2개가
  서로 붙도록 굽는다.

3 오이는 동그란 모양으로 저민다.

4 청상추는 식빵 크기에 맞춰 자른다.

5 통밀식빵은 토스트 한 후 한쪽 면에는 그릭요거트를, 다른 한쪽
  에는 무설탕 사과잼을 바른다.

6 무설탕 사과잼을 바른 면 위에 오이-닭가슴살햄-달걀프라이
  -사과-청상추를 순서대로 올리고 그릭요거트를 바른 면으로
  덮는다.

7 랩으로 단단하게 포장한 후 2등분하여 두 끼에 나눠 먹는다.

브로콜리에그
샌드위치

부드러운 달걀 샐러드에 건강한 브로콜리를 추가해
맛과 색감, 건강함을 모두 업그레이드한 레시피예요.
브로콜리 맛이 강하지 않기 때문에 이 레시피를 통해
브로콜리와도 친해져보세요!

Mejong's Tip
• 딸기잼 대신 블루베리잼과의 조합
  도 추천해요.
• 완숙란이 아닌 반숙란을 으깨면 소
  스를 추가하지 않고도 부드러운 속
  재료를 완성할 수 있어요.

 재료

통밀베이글 1개
반숙란 4개
브로콜리 80g(4개)
저염 슬라이스치즈 1장
무설탕 딸기잼 2작은스푼
소금 2꼬집

 만드는 법

1 브로콜리는 끓는 물에 데친 후 물기를 제거하고 잘게 다진다.

2 반숙란은 잘게 으깬다.

3 다진 브로콜리와 으깬 반숙란, 소금 2꼬집을 잘 섞어 브로콜리
  에그스프레드를 만든다.

4 통밀베이글은 토스트 한 후 각 면에 무설탕 딸기잼을 바른다.

5 통밀베이글 한쪽 면에 저염 슬라이스치즈와 브로콜리에그스프
  레드를 올린 후 나머지 면으로 덮는다.

6 랩으로 단단하게 포장한 후 2등분하여 두 끼에 나눠 먹는다.

트리플머시룸 샌드위치

무려 세 종류의 버섯을 넣은 트리플머시룸에 발사믹 글레이즈를 입혀 은은한 달달함을 더했어요. 쫄깃쫄 깃한 버섯의 식감을 가득 느낄 수 있는 레시피입니다.

1개(1회분)

Mejong's Tip

• 빵 위에 버섯볶음을 올릴 때 버섯
  이 옆으로 흐르기 쉬워요. 포장 시
  흐르지 않게 빈 공간을 잘 채워주
  세요.

 재료

호밀빵 2장(60g)
표고버섯 1개
새송이버섯 1개
느타리버섯 65g
토마토 1/2개
어린잎 한 줌(25g)
슬라이스 모차렐라치즈 2장
바질페스토 1작은스푼
발사믹글레이즈 1스푼
올리브오일 1/2스푼

 만드는 법

1 토마토는 적당한 크기로 4등분한다.

2 버섯(표고버섯, 새송이버섯, 느타리버섯)은 먹기 좋은 크기로 자른다.

3 소량의 올리브오일을 둘러 달군 팬에 버섯을 넣고 볶다가 버섯
   이 익으면 발사믹글레이즈를 넣고 조금 더 볶아 맛을 입힌다.

4 호밀빵은 토스트한 후 한쪽 면에 바질페스토를 바른다.

5 바질페스토를 바른 면 위에 슬라이스 모차렐라치즈 – 토마토 – 버
   섯볶음 – 어린잎을 순서대로 올린 후 나머지 면으로 덮는다.

6 랩으로 단단하게 감싼 후 2등분한다.

당근라페후무스 샌드위치

프랑스식 요리인 당근라페와 중동식 후무스가 만나 이국적이고 독특한 느낌이 물씬 나는 레시피예요. 아삭한 당근라페의 새콤함과 병아리콩의 고소하고 담백한 맛을 함께 느껴보세요.

Mejong's Tip

- 랩으로 포장하면 보다 간편하게 먹을 수 있어 도시락용으로도 좋아요.
- 씹는 식감을 좋아한다면 후무스를 만들 때 병아리콩을 완전히 갈지 않고 듬성듬성 덩어리지게 만들어 보세요.

 재료

치아바타 1개(80g)
당근라페 70g
후무스 130g
버터헤드레터스 5장

 만드는 법

1 당근라페는 24쪽을 참고해 미리 만들어 준비한다.

2 후무스는 25쪽을 참고해 만들어 준비한다.

3 버터헤드레터스는 잘게 썬다.

4 치아바타는 반으로 자른 후 토스트 한다.

5 치아바타의 한쪽 면 위에 버터헤드레터스 - 당근라페 - 후무스를 순서대로 올린 후 나머지 면으로 덮는다.

6 먹기 좋은 크기로 잘라 완성한다.

노밀가루양상추
샌드위치

밀가루가 전혀 들어가지 않았지만 채소가 풍부하게
들어가 신선함을 가득 느낄 수 있는 샌드위치예요.
가볍게 먹고 싶은 날 혹은 짧은 기간 반짝 식단조절
이 필요할 때 추천하는 메뉴입니다.

 재료

닭가슴살스테이크 1개(100g)

달걀 1개

면이 넓은 양상추 3장

토마토 1/2개

양파 60g(작은 양파 1/2개)

양배추 60g

저염 슬라이스치즈 1징

저당마요네즈 1작은스푼

저칼로리 BBQ소스 1스푼

올리브오일 1스푼

소금 한 꼬집

후추 한 꼬집

만드는 법

1 양파와 양배추는 채 썬다.

2 올리브오일 1/2스푼을 둘러 달군 팬에 양파와 양배추를 넣고 소금 한 꼬집과 후추 한 꼬집을 넣어 간을 맞추며 색이 투명해질 때까지 볶는다.

3 토마토는 믹기 좋은 크기로 4등분한다.

4 올리브오일 1/2스푼을 둘러 달군 팬에 달걀을 깨뜨려 달걀프라이를 만든다.

5 닭가슴살스테이크에 저칼로리 BBQ소스를 바른다.

6 면이 넓은 양상추 2장을 겹친 후 그 위에 닭가슴살스테이크-달걀프라이를 순서대로 올리고 저당마요네즈를 뿌린다.

7 그 위에 2의 양파양배추볶음-토마토-저염 슬라이스치즈를 순 서대로 올린다.

8 저염 슬라이스치즈 위에 양상추를 올리고 아랫면 양상추를 위 로 접어 올려 옆면을 감싼다.

9 랩으로 단단하게 감싼 후 2등분한다.

Mejong's Tip

• 수분이 많은 재료들로 이루어진 샌드위치이기 때문에 가급적 빨리 먹는 것을 추 천해요.

가벼운 라이트

크래미달걀
토르티아롤

식빵을 사용한 일반적인 샌드위치와는 달리 얇은 토르티야로 돌돌 말아낸 롤 형태의 레시피예요. 토르티야, 달걀, 크래미로 부드러운 식감을 한가득 느낄 수 있어요.

Mejong's Tip

- 토르티야를 장시간 구우면 쉽게 부서질 수 있기 때문에 살짝만 구워주세요.
- 토르티야를 말 땐 김밥 말듯이 아랫쪽 끝 부분을 들고 내부에 빈틈이 생기지 않도록 조금씩 당겨주세요. 그래야 단단하고 예쁜 단면이 완성됩니다.

 → 재료

토르티야(지름 20cm) 2장
반숙란 3개
크래미 90g
오이 1/3개
루꼴라 25g
무설탕 딸기잼 2작은스푼

 → 만드는 법

1 크래미는 손으로 잘게 찢어 준비하고 반숙란은 숟가락으로 으깬다.

2 오이는 어슷하게 채 썰어 준비한다.

3 토르티야는 마른 팬에 살짝 구운 후 그 위에 무설탕 딸기잼을 바른다. 그 위에 크래미-으깬 반숙란-오이-루꼴라를 순서대로 올린다.

4 나머지 토르티야 한 장도 마른 팬에 구운 후 1/2지점을 3의 토르티야 아랫부분에 넣고 아래에서 위쪽으로 동그랗게 말아낸다.

5 랩으로 단단하게 감싸 고정시킨 후 2등분하여 두 끼에 나눠 먹는다.

가벼운 라이트

토르티아
샌드위치

토르티야 위에 각종 샌드위치 재료를 올린 후 반으로 접기만 하면 뚝딱 완성되는 초간단 레시피예요. 레시피 사진과 다르게 반으로 두 번 접어 랩처럼 즐겨보세요!

1개(1회분)

Mejong's Tip

• 토르티야와 비슷한 크기의 팬을 사용하면 1번 과정을 더욱 쉽게 진행할 수 있어요.

 재료

토르티야 1장
달걀 1개
닭가슴살햄 3장
베이비시금치 한 줌(20g)
토마토 1/2개
슬라이스 모차렐라치즈 1장
발사믹글레이즈 1/2스푼
올리브오일 1/2스푼
소금 한 꼬집

 만드는 법

1 달걀에 소금 한 꼬집을 넣고 풀어준 후 소량의 올리브오일을 둘러 달군 팬에 붓는다. 윗면이 익기 전에 토르티야를 올려 토르티야가 달걀에 붙도록 한다.

2 도르티야가 아래 방향으로 향하도록 뒤집는다.

3 토마토는 먹기 좋게 4등분한다.

4 2의 토르티야 위에 닭가슴살햄 – 슬라이스 모차렐라치즈 – 토마토를 순서대로 올린 후 발사믹글레이즈를 뿌린다.

5 4 위에 베이비시금치를 올린다.

6 반으로 접은 후 먹기 좋은 크기로 자른다.

통두부 샌드위치

구운 두부가 샌드위치 빵의 역할을 하고 있어 담백하고 든든해요. 속재료로 카프레제 샐러드를 사용해 상큼함와 향긋함, 부드러움까지 더했답니다.

분량

1개(1회분)

Mejong's Tip

· 부침용 두부 대신 물기가 적고 단단한 촌두부를 사용해도 좋아요.
· 식빵에 비해 두부가 부드러우므로 포장 시 너무 세게 당겨 모양이 망가지지
  않도록 주의해주세요.

 재료

부침용 두부 300g
토마토 1/2개
슬라이스 모차렐라치즈 2장
바질잎 4장
발사믹글레이즈 1작은스푼
소금 2꼬집

 만드는 법

1 두부는 반으로 자른 후 키친타월 위에 올려 수분을 제거하고 소
   금 2꼬집을 골고루 뿌린다.

2 마른 팬에 두부를 넣고 약불에서 구우며 수분을 날린다.

3 토마토는 4등분하고 슬라이스 모차렐라치즈와 바질잎을 함께
   준비한다.

4 두부의 한쪽 면 위에 토마토-슬라이스 모차렐라치즈를 순서대
   로 올린 후 발사믹글레이즈를 뿌린다.

5 4 위에 바질잎을 올린다.

6 나머지 두부로 덮은 후 랩으로 단단하게 포장하여 2등분한다.

낫토 샌드위치

발효콩으로 만들어진 낫토는 식물성 단백질 함량이
높은 식재료예요. 낫토의 끈적이는 특성을 이용해 만
든 낫토샐러드를 담은 레시피로, 낫토 특유의 맛과
식감을 좋아하는 사람들에게 추천해요.

분량

1개(1회분)

Mejong's Tip

• 낫토는 단단한 식감이 아니기 때문
에 모양을 잡아주는 정도로만 랩핑
해주세요.

• 수분 함량이 많은 낫토를 장시간
오래 두면 빵이 눅눅해질 수 있어
요. 도시락용보다는 만든 후 바로
먹는 것을 추천해요.

 재료

통밀식빵 1장
낫토 2팩(동봉소스 포함)
오이 1/4개
양배추 30g
칼레스 1/2직은스푼

 만드는 법

1 오이는 큐브 모양으로 작게 썰고 양배추는 채 썬다.

2 낫토 2팩에 1팩 분량의 동봉소스(간장, 겨자)와 칼레스를 넣고 충
분히 휘젓는다.

3 2에 오이와 양배추를 넣고 섞어 낫토샐러드를 만든다.

4 통밀식빵은 토스트 한 후 반으로 자른다.

5 통밀식빵의 한쪽 면에 낫토샐러드를 올린다.

6 나머지 면으로 덮은 후 랩으로 감싸 2등분한다.

3

홈카페 별미
샌드위치

가끔은 집에서 브런치 메뉴를 만들어 먹고 싶을 때가 있죠! 이번에는 홈카페 느낌이 물씬 나는, 별미 샌드위치 레시피를 소개합니다. 브런치 카페에서만 즐길 수 있을 것 같은 메뉴들을 직접 집에서 만들 수 있도록 했고 다이어트 중에 먹어도 부담되지 않도록 구성해보았어요. 다양한 오픈샌드위치부터 알록달록 과일샌드위치, 간식으로 안성맞춤인 아이스크림샌드위치 등 눈이 먼저 즐거운 매력만점 메뉴들을 담았습니다.

바질그릭크래미 샌드위치

크래미에 그릭요거트를 더해 꾸덕한 식감의 그릭크래미를 만들고, 바질페스토의 향긋함과 양파의 알싸함을 더했어요. 생소한 조합으로 느껴질 수 있지만 한 번 맛보면 계속 생각나게 될 거예요!

1개(2회분)

• 샌드위치용 햄은 보존료 등의 첨가
  물이 적은 제품을 사용해주세요.
• 바질그릭크래미를 만들 때 양파를
  너무 많이 섞으면 금세 무른 식감
  이 될 수 있어요. 양파는 마지막 단
  계에서 넣어주세요.

재료

통밀베이글 1개
크래미 90g
저염 슬라이스치즈 1장
양파 40g(1/5개)
토마토 1/2개
버터헤드레터스 6장
그릭요거트 80g
바질페스토 1작은스푼

만드는 법

1 토마토는 4등분하고, 버터헤드레터스는 끝부분을 다듬어 준비
   한다.

2 크래미는 손으로 잘게 찢고 양파는 작게 다진다.

3 크래미와 그릭요거트, 바질페스토를 함께 넣고 섞다가 다진 양
   파를 추가로 넣고 섞어 바질그릭크래미를 만든다.

4 통밀베이글은 반으로 잘라 토스트 한다.

5 통밀베이글 한쪽 면에 버터헤드레터스 - 바질그릭크래미 - 토마
   토 - 저염 슬라이스치즈를 순서대로 올린 후 나머지 면으로 덮
   는다.

6 랩으로 단단하게 포장한 후 2등분하여 두 끼에 나눠 먹는다.

사계절과일그릭 샌드위치

알록달록 보기만 해도 기분 좋아지는 비주얼의 샌드위치예요. 과일을 곁들인 요거트 보울을 좋아한다면 이 샌드위치를 꼭 만들어보세요! 가벼운 아침이나 간식용으로 추천하는 레시피입니다.

1개(2회분)

• 계절에 따라 제철과일(딸기, 복숭아, 샤인머스캣, 무화과)을 활용해 다양한 버전으로 즐겨보세요!
• 예쁜 단면을 위해 5번 과정에서 과일 사이 빈틈에 그릭요거트를 꼼꼼히 메워주세요.

 재료

곡물식빵 2장
그릭요거트 4스푼
딸기 2개
바나나 1/2개
키위 1/2개
오렌지 1/3개

 만드는 법

1 과일(딸기, 바나나, 키위, 오렌지)은 사진과 같은 모양으로 썰어 준비한다.

2 곡물식빵은 굽지 않은 상태에서 가위로 가장자리를 자른다.

3 랩 위에 곡물식빵 한 장을 올린 후 그릭요거트를 두툼하게 바른다.

4 사진과 같은 모양으로 그릭요거트 위에 과일을 꽂듯이 올린다.

5 과일 위에 그릭요거트를 발라 과일 사이의 빈틈을 메운다.

6 나머지 식빵으로 덮은 후 랩으로 잘 감싼다.

7 30분 이상 냉장 보관한 후 2등분하여 두 끼에 나눠 먹는다.

불고기 샌드위치

짭쪼름하면서 달달한 불고기와 말랑한 식감의 구운 파프리카가 잘 어우러지는 레시피예요. 부드럽고 알싸한 홀그레인마요소스를 곁들이면 더욱 특별한 맛이 된답니다.

2조각(1회분)

Mejong's Tip

• 불고기 위에 새싹 대신 파채를 올려 먹어도 좋아요.

호밀빵 2장(60g)

불고기용 소고기 100g

빨강 파프리카 1/3개

노랑 파프리카 1/3개

양파 40g(작은 양파 1/3개)

새싹 소량(데코용)

올리브오일 1/2스푼

소금 한 꼬집

불고기소스(진간장 1스푼, 물 1스푼, 알룰로스 1스푼, 참기름 1/2스푼, 다진 마늘 1개 분량)

홀그레인마요소스(홀그레인머스터드 1작은스푼, 저당마요네즈 2작은스푼, 알룰로스 1작은스푼)

1 양파는 얇게 채 썰고 파프리카는 두툼하게 4등분한다.

2 불고기소스 재료를 모두 섞어 양념을 만들고 불고기용 소고기와 양파를 소스에 버무려 10분간 재운다.

3 소량이 올리브오일을 눌러 달군 팬에 파프리카를 넣고 소금 한 꼬집을 뿌린 후 약불에서 말랑해지도록 충분히 굽는다.

4 양념에 재워 둔 불고기는 물기가 없어질 때까지 바싹 굽고 홀그레인마요소스 재료는 모두 섞는다.

5 호밀빵은 토스트 한 후 각 면에 홀그레인마요소스를 바른다.

6 5 위에 구운 파프리카를 얹고, 불고기와 새싹을 올려 마무리한다.

양송이 샌드위치

부드러운 스크램블에그 위에 양송이버섯을 곁들여 부드러운 식감을 한껏 강조한 레시피예요. 크기가 작은 양송이버섯들이 일렬로 가지런히 놓여 있어 비주얼마저도 귀여운 샌드위치랍니다.

분량

2개(1회분)

Mejong's Tip
• 좀 더 부드러운 식감으로 즐기고
싶다면 스크램블에그를 만들 때 우
유나 두유, 오트밀크 등을 추가해
도 좋아요.

 재료

통밀캄파뉴 2장(60g)
달걀 2개
양송이버섯 3개
바질페스토 1스푼
올리브오일 1스푼
소금 2꼬집
후추 2꼬집

 만드는 법

1 양송이버섯은 얇게 썬다.

2 올리브오일 1/2스푼을 둘러 달군 팬에 양송이버섯을 넣고 소금
한 꼬집을 뿌려 굽는다.

3 통밀캄파뉴는 삼짝 토스트 한 후 각 면에 바질페스토를 바른다.

4 달걀에 소금 한 꼬집을 넣고 섞어 달걀물을 만든 후 올리브오일
1/2스푼을 둘러 달군 팬에 부어 스크램블에그를 만든다.

5 3 위에 스크램블에그-양송이버섯을 순서대로 올린 후 후추 2꼬
집을 뿌려 마무리한다.

연어수란 오픈샌드위치

유명한 브런치 카페의 단골 메뉴인 연어 오픈샌드위치를 집에서 즐겨보세요! 평소 수란 만들기가 어려웠다면 이 레시피를 통해 전자레인지로 쉽게 만들어보세요.

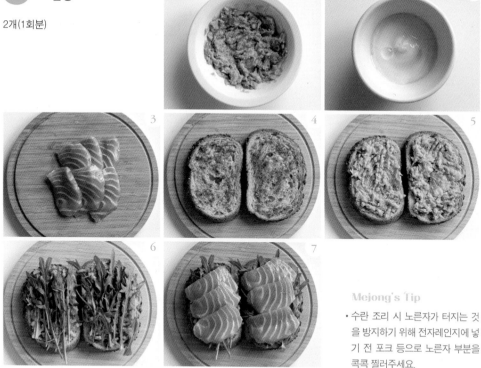

Mejong's Tip

• 수란 조리 시 노른자가 터지는 것
  을 방지하기 위해 전자레인지에 넣
  기 전 포크 등으로 노른자 부분을
  콕콕 찔러주세요.

 재료

호밀빵 2장(60g)

연어 100g

달걀 1개

아보카도 1/2개

와일드루꼴라 10g

바질페스토 2작은스푼

소금 한 꼬집

레몬즙 3방울

크러시드레드페퍼 2꼬집

 만드는 법

1 으깬 아보카도에 레몬즙 3방울과 소금 한 꼬집을 넣고 잘 섞어
   아보카도스프레드를 만든다.

2 작은 볼에 달걀이 잠길 정도로 물을 넣은 후 달걀을 넣고 전자레
   인지에 1분 30초간 돌려 수란을 만든다.

3 연어는 먹기 좋은 크기로 자른다.

4 호밀빵은 토스트 한 후 각 면에 바질페스토를 바른다.

5 바질페스토 위에 1의 아보카도스프레드를 바른다.

6 아보카도스프레드 위에 와일드루꼴라를 올린다.

7 와일드루꼴라 위에 연어와 수란을 올리고 크러시드레드페퍼 2꼬
   집을 뿌려 마무리한다.

햄에그
오픈샌드위치

특별한 식재료가 아닌 식빵과 달걀, 햄과 같이 기본적인 재료만으로도 예쁜 오픈 샌드위치를 만들 수 있어요. 보들보들한 스크램블에그와 새콤아삭한 당근 라페는 주기적으로 생각날 조합이 될 거예요!

분량

1개(1회분)

Mejong's Tip

- 당근라페는 미리 만들어 하루 정도 숙성하면 더욱 맛있게 즐길 수 있어요.
- 더욱 부드러운 식감으로 즐기고 싶다면 스크램블에그를 만들 때 우유나 두유, 오트밀크 등을 추가하면 좋아요.

 재료

통밀식빵 1장
달걀 2개
닭가슴살햄 2장
버터헤드레터스 2장
당근라페 60g
유기농 스위트콘 1스푼
슬라이스 모차렐라치즈 1장
올리브오일 1/2스푼
소금 2꼬집
파슬리가루 2꼬집(데코용)

 만드는 법

1 당근라페는 24쪽을 참고하여 준비한다.

2 달걀에 소금 2꼬집을 넣어 달걀물을 만든 후 소량의 올리브오일을 둘러 달군 팬에 부어 약불에서 스크램블에그를 만든다.

3 버터헤드레터스는 칼로 잘게 썬다.

4 통밀식빵은 토스트 한다.

5 통밀식빵 위에 당근라페 - 슬라이스 모차렐라치즈 - 버터헤드레터스 - 닭가슴살햄 - 스크램블에그를 순서대로 올린다.

6 파슬리가루를 뿌리고 유기농 스위트콘을 올려 마무리한다.

닭안심살구운채소 샌드위치

구운 닭안심살에 따뜻하게 구운 채소들을 곁들인 레시피예요. 담백한 닭안심살과 구운 채소의 달달함, 쫄깃한 치아바타의 조화를 이 레시피를 통해 느껴보세요!

분량

1개(1회분)

 Mejong's Tip

- 파니니팬이 없다면 일반 팬이나 토
  스터에 빵을 구워주세요.
- 랩핑하면 흘리지 않고 더욱 편하
  게 먹을 수 있어 도시락용으로도
  추천해요.

 재료

치아바타 1개(80g)
닭안심살 100g
가지 1/3개
빨강 파프리카 1/4개
노랑 파프리카 1/4개
바질페스토 1작은스푼
홀그레인머스터드 1작은스푼
올리브오일 1/2스푼
소금 한 꼬집
후추 2꼬집

만드는 법

1 닭안심살은 소금 한 꼬집, 후추 2꼬집으로 밑간을 한 후 180°C
   의 에어프라이어에서 15분간 익힌다.

2 가지는 넓은 모양으로 썰고 파프리카는 얇게 채 썬다.

3 소량의 올리브오일을 둘러 달군 팬에 가지와 파프리카를 각각
   넣고 약불에서 말랑말랑해질 정도로 충분히 굽는다.

4 치아바타는 반으로 자른 후 파니니팬에 넣고 납작하게 굽는다.

5 구운 치아바타 안쪽 면에 각각 바질페스토와 홀그레인머스터드
   를 바른다.

6 바질페스토를 바른 면 위에 구운 가지-닭안심살-구운 파프리
   카를 순서대로 올린다.

7 나머지 면으로 덮은 후 먹기 좋은 크기로 자른다.

갈릭쉬림프 샌드위치

탱글탱글한 새우와 올리브오일에 푹 익은 마늘이 함께 어우러진 레시피예요. 마늘이 아낌없이 들어가 약간의 알싸함과 함께 바질잎의 향긋함을 동시에 느낄 수 있어요.

Mejong's Tip

- 마늘 조리 시 오일 사용량을 줄이고 싶다면 160°C의 에어프라이어에서 10분간 구워주세요(에어프라이어 성능에 따라 온도 및 조리시간을 조절해주세요).

 재료

호밀빵 2장(65g)
새우 10마리(100g)
토마토 1/2개
마늘 5개
바질잎 8장
올리브오일 2스푼
소금 한 꼬집
후추 2꼬집

 만드는 법

1 토마토는 4등분한 후 표면에 올리브오일 1/2스푼을 발라 160°C의 에어프라이어에서 12분간 익힌다.

2 마늘은 편으로 썬다.

3 올리브오일 1/2스푼을 둘러 달군 팬에 마늘과 새우를 넣고 소금과 후추로 밑간을 하며 볶다가 새우가 익으면 새우를 먼저 꺼낸다.

4 남은 마늘에 올리브오일 1스푼을 더 추가하여 마늘이 으깨질 정도로 푹 익힌다.

5 호밀빵은 토스트 한다.

6 호밀빵 한쪽 면에 마늘 1/2 분량을 으깨어 스프레드처럼 바른다.

7 그 위에 토마토-바질잎-새우-남은 마늘을 순서대로 올린 후 나머지 면으로 비스듬히 덮어 마무리한다.

원팬토르티아
샌드위치

달걀과 시금치가 들어간 이탈리아식 오믈렛인 프리
타타에 토르티야를 곁들여 먹는 것 같은 느낌을 주는
레시피예요. 처음부터 끝까지 하나의 팬으로 요리할
수 있어 설거지 부담이 덜 하답니다.

Mejong's Tip

• 토르티야와 비슷한 크기의 팬을 사용하면 4번 과정을 좀 더 쉽게 진행할 수 있어요.
• 더욱 부드러운 식감을 원한다면 달걀물에 우유를 추가해도 좋아요.

 재료

토르티야 1장(20cm)
달걀 2개
토마토 1/2개
양파 30g
베이비시금치 한 줌(20g)
저염 슬라이스치즈 1장
올리브오일 1/2스푼
소금 2꼬집

 만드는 법

1 양파는 채 썰고, 베이비시금치는 먹기 좋은 크기로 썬다.

2 토마토는 씨 부분을 제외하고 작은 크기로 썬다.

3 달걀에 소금 2꼬집을 넣고 가볍게 섞어 달걀물을 만든다 이후 소량의 올리브오일을 둘러 달군 팬에 양파 – 베이비시금치 – 토마토를 순서대로 넣고 볶다가 달걀물을 추가한다.

4 윗면이 익기 전에 토르티야를 올려 토르티야가 달걀물에 붙도록 한다.

5 4를 뒤집은 후 토르티야 왼편에 반으로 자른 저염 슬라이스치즈를 올린다.

6 아랫면이 노릇노릇해지면 반으로 접은 후 먹기 좋은 크기로 잘라 완성한다.

프로틴아이스크림 샌드위치

푹신한 빵 사이에 시원한 아이스크림을 끼워 넣으면 완성되는 초간단 레시피예요. 날이 더워 입맛이 없을 때 이 레시피로 리프레시 해보세요! 프로틴빵으로 단백질까지 놓치지 않았답니다.

1개(1회분)

재료

모카맛 프로틴빵 1개(130g)
바닐라맛 저칼로리 아이스크림 2스쿱
초코맛 저칼로리 아이스크림 2스쿱
(지름 5cm 아이스크림스쿱 기준)

만드는 법

1 프로틴빵은 반으로 자른다.

2 빵 아랫면 위에 바닐라맛과 초코맛 저칼로리 아이스크림을 각
   각 퍼 올린다.

3 잘라둔 나머지 프로틴빵으로 덮은 후 먹기 좋은 크기로 자른다.

Mejong's Tip
• 취향에 따라 다양한 맛의 프로틴빵과 아이스크림을 사용해보세요.

PART 2
하루 한 끼
다이어트 김밥

1

탄단지 든든 김밥

다이어트를 할 때 과연 김밥을 먹어도 될까요? 일반적으로 김밥 한 줄에는 생각보다 밥의 양이 많아 다이어트에 부담이 될 수 있어요. 하지만 김밥을 직접 만들어 먹는 경우 밥 양을 조절할 수 있고 탄단지를 골고루 섭취할 수 있어 좋은 다이어트 식단이 될 수 있어요. 이번 파트에서는 탄단지를 골고루 갖춤과 동시에 높은 포만감을 제공해줄 다이어트 김밥 레시피를 소개합니다.

탄단지 든든

에그폭탄 김밥

재료 준비에 시간이 많이 걸리는 일반적인 김밥과 달리 최소한의 재료로도 간단하지만 맛있게 홈메이드 김밥을 만들어 먹을 수 있어요. 스크램블에그가 들어가기 때문에 몽글몽글하고 부드러운 식감이 특징이랍니다.

분량

1줄(1회분)

 재료

 만드는 법

Mejong's Tip

• 스크램블에그 조리 시 부드러운 식감을 위해 달걀이 너무 바싹 익지 않도록 주의해주세요.

김밥김 1장
현미밥 100g
달걀 3개
당근 100g
올리브오일 1스푼
참기름 1/2스푼
굴소스 1스푼
소금 4꼬집
통깨 한 꼬집

1   달걀 3개에 소금 2꼬집을 넣고 잘 섞는다.

2   올리브오일 1/2스푼을 둘러 달군 팬에 달걀물을 붓고 약불에서 조리해 스크램블에그를 만든다. 이후 굴소스를 추가하여 간이 배도록 조금 더 볶는다.

3   올리브오일 1/2스푼을 둘러 달군 팬에 얇게 채 썬 당근과 소금 한 꼬집을 넣고 함께 볶는다.

4   현미밥에 소금 한 꼬집과 참기름 1/2스푼을 넣고 잘 섞는다.

5   김 위에 현미밥을 얇게 펴 깔고 스크램블에그와 당근을 올린 후 잘 말아낸다.

6   먹기 좋은 크기로 썬 후 통깨를 뿌려 완성한다.

탄단지 든든

크래미낫토
김밥

냉장고에 남은 재료들로 우연히 만들게 된 메뉴지만 정말 맛있어서 자신있게 소개하는 레시피예요. 크래미와 낫토, 요거트채소피클의 조합은 생소할 수 있지만 각각의 재료들을 좋아한다면 꼭 만들어보세요.

분량

1줄(1회분)

Mejong's Tip

- 요거트채소피클에 수분이 남아있는 경우 김밥이 흐물흐물해져서 단단하게 말 수 없게 되므로 소금에 절인 후 물기를 최대한 제거해주세요. 깨끗한 면보를 사용하는 방법도 추천해요.
- 크래미는 어육 함량이 높은 제품을 사용해주세요.

재료

김밥김 1장
현미밥 100g
낫토(동봉 소스 미포함) 1팩
크래미 90g
양배추 100g
당근 30g
참기름 1/2스푼
소금 한 꼬집
요거트채소피클소스 1(소금 1/2작은스푼, 식초 1작은스푼)
요거트채소피클소스 2(유기농 스위트콘 1스푼, 그릭요거트 20g, 홀그레인머스터드 1작은스푼, 후추 한 꼬집)

만드는 법

1 양배추와 당근은 채 썬 후 요거트채소피클소스 1과 버무려 10분 동안 절여둔다.

2 1의 절인 양배추와 당근은 꼭 짜서 물기를 제거한 후 요거트채소피클소스 2와 살 섞는다.

3 크래미는 손으로 잘게 찢는다.

4 낫토는 동봉 소스를 추가하지 않고 잘 휘젓는다.

5 현미밥에 소금 한 꼬집과 참기름 1/2스푼을 넣고 잘 섞는다.

6 김 위에 현미밥을 얇게 펴 깔아준 후 낫토-2의 요거트채소피클-크래미를 순서대로 올린다.

7 단단하게 말아낸 후 먹기 좋은 크기로 썬다.

탄단지 든든

묵은지연어
김밥

연어회에 묵은지를 곁들여 먹는 것을 좋아해서 이 두 가지 재료를 사용해 새로운 레시피를 만들어보았어요. 새콤한 묵은지가 연어의 기름진 맛을 잡아줘 더욱 깔끔하게 즐길 수 있답니다.

Mejong's Tip

• 적은 양의 연어로도 충분히 만들 수 있는 김밥이지만, 연어를 좀 더 두툼하게 즐기고 싶다면 달걀말이를 빼고 연어의 양을 늘려도 좋아요.

 재료

김밥김 1½장
현미밥 100g
연어 70g
달걀 1개
오이 1/2개
깻잎 4장
청상추 2장
묵은지 60g
올리브오일 1/2스푼
참기름 1/2스푼
묵은지소스(참기름 1작은스푼, 통깨 1작은스푼)
소금 2꼬집

 만드는 법

1 소량의 올리브오일을 둘러 달군 팬에 소금 한 꼬집을 넣은 달걀물을 붓는다. 이후 김밥김 길이에 맞게 모양을 잡아 달걀말이를 완성한다.

2 오이는 씨 부분을 제외하고 채 썬다.

3 묵은지는 작은 크기로 썰어 묵은지소스를 넣고 버무린다.

4 연어는 김밥김 길이에 맞게 길쭉하게 썬다.

5 현미밥에 소금 한 꼬집과 참기름 1/2스푼을 넣고 잘 섞는다.

6 김 1/2장과 1장을 겹쳐 이어준 후 그 위에 현미밥을 얇게 펴 깔아준다. 현미밥 위에 청상추－연어－달걀말이－오이－묵은지를 순서대로 올린 후 깻잎으로 덮는다.

7 단단하게 말아낸 후 먹기 좋은 크기로 썬다.

101

오리지널 집김밥

집에서 만들어 먹는 김밥을 떠올리면 햄, 게맛살, 달걀, 각종 채소가 들어간 모습이 생각나지 않나요? 이 레시피는 다이어터 맞춤형 재료를 사용해 만들었지만 오리지널 집김밥의 맛과 비주얼은 그대로 살렸답니다.

분량

1줄(1회분)

 재료

김밥김 1장

현미밥 100g

통조림 닭가슴살햄 50g

크래미 25g

달걀 1개

시금치 80g

당근 90g

우엉 80g

흰 단무지 1개

올리브오일 1스푼

참기름 1/2스푼

소금 2꼬집

통깨 한 꼬집

우엉조림소스(진간장 1스푼, 알룰로
스 2스푼)

시금치무침소스(참기름 1작은스푼, 통
깨 한 꼬집)

 만드는 법

1 닭가슴살햄과 크래미는 김밥김 길이에 맞게 자른 후 마른 팬에
   굽는다.

2 달걀에 소금 한 꼬집을 넣고 달걀물을 만든다. 이후 올리브오일
   1/2스푼을 둘러 달군 팬에 무어 달걀말이를 만들고 김밥김 길이
   에 맞게 잘라 완성한다.

3 올리브오일 1/2스푼을 둘러 달군 팬에 채 썬 당근과 소금 한 꼬
   집을 넣고 함께 볶는다.

4 우엉은 채 썰어 우엉조림소스와 함께 졸인다.

5 시금치는 끓는 물에 데쳐 물기를 꼭 짠 후 시금치무침소스를 넣
   고 무친다.

6 현미밥에 참기름 1/2스푼과 소금 한 꼬집을 넣고 잘 섞는다.

7 김 위에 현미밥을 얇게 퍼 깔아준 후 크래미-단무지-시금치-닭
   가슴살햄-달걀말이-당근-우엉을 순서대로 올린다.

8 단단하게 말아낸 후 먹기 좋은 크기로 썰고, 통깨 한 꼬집을 뿌
   려 마무리한다.

Mejong's Tip
• 크래미는 어육 함량이 높은 제품으로 선택해주세요.
• 속재료가 풍성한 김밥이기 때문에 터질 수 있으므로 김 1½장 혹은 2장을 이어 붙
  여 말아주세요.

탄단지 든든

새우루꼴라
김밥

서양 요리에 자주 사용되는 쌉싸름하면서도 톡 쏘는 맛의 루꼴라를 넣어 색다른 김밥을 시도해 보았어요. 일반 루꼴라 보다 더 아삭한 식감의 와일드 루꼴라를 사용해 식감을 더욱 살렸답니다.

 재료

김밥김 1½장
현미밥 100g
새우 8마리(80g)
달걀 1개
당근 90g
와일드루꼴라 25g
저염 슬라이스치즈 1장
올리브오일 1스푼
참기름 1/2스푼
소금 4꼬집
후추 한 꼬집

 만드는 법

1 달걀에 소금 한 꼬집을 넣고 달걀물을 만든다. 이후 올리브오일 1/2스푼을 둘러 달군 팬에 부어 달걀지단을 만들고 한 김 식힌 후 얇게 채 썬다.

2 새우는 소금과 후추 각 한 꼬집으로 밑간을 하고 마른 팬에 구운 후 작게 썬다.

3 올리브오일 1/2스푼을 둘러 달군 팬에 채 썬 당근과 소금 한 꼬집을 넣고 함께 볶는다.

4 현미밥에 참기름 1/2스푼과 소금 한 꼬집을 넣고 잘 섞는다.

5 사진과 같이 김 1장과 1/2장을 겹쳐 놓고 저염 슬라이스치즈로 접착한다.

6 치즈 부분을 제외한 나머지 부분에 현미밥을 얇게 펴 깔아준다.

7   현미밥과 저염 슬라이스치즈 위에 당근 - 새우 - 달걀지단 - 와일
     드루꼴라를 순서대로 올린다.

8   단단하게 말아낸 후 먹기 좋은 크기로 썬다.

Mejong's Tip

• 새우를 작게 썰지 않고 그대로 넣으면 김밥을 말 때 울퉁불퉁해질 수 있어요. 따라
  서 작은 크기로 썰어 넣는 것을 추천해요. 단, 너무 잘게 썰면 김밥 단면이 예쁘지 않
  게 나올 수 있으니 참고해주세요.

유부두부면 김밥

유부의 달콤함과 우엉의 짭조름함, 두부면의 담백함
이 조화롭게 어우러져 다양한 매력을 발산하는 레시
피예요. 채식 혹은 비건식을 지향하는 이들도 부담
없이 먹을 수 있는 메뉴랍니다.

1줄(1회분)

Mejong's Tip

• 촉촉한 식감으로 즐기고 싶다면 유
부를 짤 때 물기를 조금 남겨 주세
요. 단, 물기가 많은 경우 김밥이 단
단하게 말리지 않을 수 있으니 주
의해주세요.

재료

김밥김 1½장
현미밥 100g
얇은 두부면 1팩(100g)
당근 90g
우엉 80g
유부초밥용 유부 1인분
올리브오일 1/2스푼
참기름 1/2스푼
소금 2꼬집
두부면소스(연두 1/2스푼, 참기름
1/2스푼)
우엉조림소스(진간장 1스푼, 알룰
로스 2스푼)

만드는 법

1 소량의 올리브오일을 둘러 달군 팬에 채 썬 당근과 소금 한 꼬집
   을 넣고 함께 볶는다.

2 팬에 얇게 채 썬 우엉과 우엉조림소스를 함께 넣고 졸여 우엉조
   림을 만든다.

3 두부면은 흐르는 물에 헹군 후 물기를 제거하고 두부면소스를
   넣고 버무린다.

4 유부초밥용 유부는 꼭 짜서 물기를 제거한 후 가위로 잘게 자른다.

5 현미밥에 참기름 1/2스푼, 소금 한 꼬집을 넣고 잘 섞는다.

6 김 1장과 1/2장을 서로 겹쳐 놓고 그 위에 현미밥을 얇게 펴 깔
   아준 후 두부면 - 유부 - 우엉조림 - 당근을 순서대로 올린다.

7 단단하게 말아낸 후 먹기 좋은 크기로 썬다.

참치양배추 김밥

참치의 단짝 조합인 '참치마요'만큼이나 '참치쌈장'의 조합도 참 좋아요. 두부를 넣어 담백함을 더하고 양배추로 든든한 포만감까지 챙길 수 있는 레시피입니다.

분량

1줄(1회분)

Mejong's Tip
- 두부를 볶는 대신 면보 등을 활용
해 물기를 제거해도 괜찮아요.
- 양배추와 케일을 오래 데치게 되
면 식감이 흐물흐물해질 수 있어
요. 따라서 끓는 물에 양배추를 먼
저 넣고 20초간 데친 후 케일을 넣
어 10초간 추가로 데치는 것을 추
천해요.

 재료

김밥김 1½장

흑미밥 100g

통조림참치 100g

두부 60g

양배추 2장

케일 4장

아몬드 5알

참기름 1/2스푼

소금 한 꼬집

통깨 한 꼬집

쌈장 1작은스푼

 만드는 법

1 양배추는 줄기 부분을 제거해 작게 썰고 끓는 물에 케일과 함께
데친 후 물기를 제거한다.

2 두부는 마른 팬에 으깨며 볶아 물기를 제거한다.

3 볶은 두부에 잘게 부순 아몬드와 쌈장 1작은스푼을 넣고 잘 섞
어 두부쌈장을 만든다.

4 참치는 기름기를 제거한다.

5 흑미밥에 참기름 1/2스푼과 소금 한 꼬집을 넣고 잘 섞는다.

6 김 1장과 1/2장을 서로 겹쳐 놓고 그 위에 흑미밥을 얇게 펴 깔
아준 후 양배추-케일-참치-두부쌈장을 순서대로 올린다.

7 단단하게 말아 먹기 좋은 크기로 썬 후 통깨 한 꼬집을 뿌려 마
무리한다.

113

닭가슴살
멸치호두 김밥

부드러운 크림치즈 김밥에서 크림치즈 대신 그릭요거트를 사용해 칼로리에 대한 부담을 줄였습니다. 그릭요거트의 부드럽고 상큼한 맛에 호두와 멸치를 넣어 고소함을 더했어요.

Mejong's Tip

• 꾸덕한 질감의 그릭요거트는 밥 위
  에 고르게 올리기 쉽지 않으므로
  작은스푼 2개를 이용해 조금씩 나
  눠서 떠 올리는 것이 좋아요.

🧂 ⟶ 재료

김밥김 1장
현미밥 100g
수비드닭가슴살 80g
볶음용 멸치 15g
부추 60g
당근 90g
호두 5알
그릭요거트 50g
올리브오일 1/2스푼
참기름 1/2스푼
소금 3꼬집
통깨 한 꼬집
멸치볶음소스(진간장 1/3스푼, 알룰
로스 2스푼)

🍳 ⟶ 만드는 법

1 부추는 끓는 물에 30초간 데친 후 차가운 물에 헹궈 물기를 제거
   하고, 소금과 통깨 각 한 꼬집을 넣고 버무린다.

2 소량의 올리브오일을 둘러 달군 팬에 채 썬 당근과 소금 한 꼬집
   을 넣고 함께 볶는다.

3 마른 팬에 멸치와 멸치볶음소스를 넣고 졸이고, 마지막에 잘게
   부순 호두를 넣어 멸치볶음을 완성한다.

4 수비드닭가슴살은 손으로 잘게 찢는다.

5 현미밥에 참기름 1/2스푼과 소금 한 꼬집을 넣고 잘 섞는다.

6 김 위에 현미밥을 얇게 펴 깔아준 후 부추-멸치볶음-그릭요거
   트-당근-수비드닭가슴살을 순서대로 올린다.

7 단단하게 말아낸 후 먹기 좋은 크기로 썬다.

매콤진미채 김밥

밥도둑 반찬 중 하나인 진미채볶음을 넣어 집밥 느낌을 가득 담은 레시피예요. 매콤하면서도 촉촉한 진미채와 부드러운 달걀, 아삭한 오이 등이 잘 어우러져 다양한 식감을 즐길 수 있답니다.

분량

1줄(1회분)

Mejong's Tip

- 진미채를 냉동 보관한 경우 다소 딱딱할 수 있으므로 3번 과정 전 따 뜻한 물에 불려 두면 좋아요.
- 3번 과정에서 진미채를 오래 볶게 되면 식감이 질겨질 수 있으니 소 스가 밸 정도로만 살짝 익혀주세요.

 재료

김밥김 1장
잡곡밥 100g
진미채 50g
달걀 1개
깻잎 6장
오이 1/2개
흰 단무지 1개
올리브오일 1/2스푼
참기름 1/2스푼
소금 2꼬집
매콤진미채소스(저당고추장 1/2 스푼, 진간장 1/2스푼, 알룰로스 1/4스푼, 다진 마늘 1개 분량)

 만드는 법

1 달걀에 소금 한 꼬집을 넣어 달걀물을 만든 후 소량의 올리브오 일을 둘러 달군 팬에 부어 달걀말이를 만든다.

2 매콤진미채소스 재료를 잘 섞는다.

3 팬에 매콤진미채소스와 진미채를 넣고 잘 섞어가며 소스가 밸 만큼 살짝 볶아 익힌다.

4 오이는 씨 부분을 제외하고 채 썬다.

5 잡곡밥에 참기름 1/2스푼과 소금 한 꼬집을 넣고 잘 섞는다.

6 김 위에 잡곡밥을 얇게 펴 깔아준 후 깻잎 3장 – 진미채볶음 – 달걀 말이 – 오이 – 단무지 – 깻잎 3장을 순서대로 올린다.

7 단단하게 말아낸 후 먹기 좋은 크기로 자른다.

단짠불고기
김밥

언제 먹어도 맛있는 불고기는 김밥의 단골 재료 중 하나입니다. 짭쪼름하면서도 살짝 달콤하기까지 한 불고기에 아삭한 오이고추와 각종 쌈채소를 넣어 마치 쌈밥을 먹는 것 같아요.

분량

1줄(1회분)

Mejong's Tip
• 청상추 대신 적상추를 사용해도 좋아요. 취향에 따라 다양한 쌈채소로 대체해 만들어보세요!

 재료

김밥김 1장

현미밥 100g

불고기용 소고기 100g

청상추 4장

깻잎 1장

당근 90g

오이고추 2개

흰 단무지 1개

올리브오일 1/2스푼

참기름 1/2스푼

소금 2꼬집

불고기소스(진간장 1/2스푼, 알룰로스 1스푼, 참기름 1/2스푼, 다진 마늘 1개 분량)

 만드는 법

1 불고기용 소고기는 불고기소스와 버무려 10분간 재운다.

2 마른 팬에 1을 넣고 물기 없이 바싹 볶은 후 한 김 식힌다.

3 소량의 올리브오일을 둘러 달군 팬에 채 썬 당근과 소금 한 꼬집을 넣고 함께 볶는다.

4 깻잎은 채 썰고 청상추와 오이고추는 끝부분을 잘라낸다.

5 현미밥에 참기름 1/2스푼과 소금 한 꼬집을 넣고 잘 섞는다.

6 김 위에 현미밥을 얇게 펴 깔아준 후 청상추 2장 - 깻잎 - 당근 - 불고기 - 단무지 - 오이고추 - 청상추 2장을 순서대로 올린다.

7 단단하게 말아낸 후 먹기 좋은 크기로 썬다.

2

밥 없이도
맛있는 김밥

최근 키토 김밥 등 김밥 레시피가 다양해지면서 종종 밥 없는 김밥을 만들고 싶은
실험 정신이 생기곤 해요. 이번에는 밥이 들어가지 않았지만 여전히 맛있고 든든
한 김밥 레시피를 소개합니다. 밥 대신 달걀, 고구마, 두부 등 다양한 재료를 사용
해 밥의 부재에도 허전함을 느끼지 못할 거예요! '김'과 '밥'으로 이루어진 김밥의
일반적인 조합을 깬 만큼, 색다른 맛을 즐길 수 있는 레시피들을 담았습니다.

크래미달걀 김밥

밥 대신 달걀지단과 부재료를 가득 넣어 키토 김밥 느낌을 내었어요. 그래서인지 인기가 좋답니다. 김 사이사이 꽉 찬 달걀로 입 안 곳곳에 부드러움이 전해져요.

Mejong's Tip
- 크래미는 어육 함량이 높은 제품을 사용해주세요.
- 달걀지단이 밥의 역할을 대신하기 때문에 얇게 썰수록 김 위에 골고루 펴 올릴 수 있고 더욱 부드러운 식감을 느낄 수 있어요.

 → 재료

김밥김 1장
달걀 3개
크래미 50g
양배추 50g
당근 90g
부추 한 줌(60g)
올리브오일 1스푼
소금 4꼬집
통깨 한 꼬집

 → 만드는 법

1 달걀 3개에 소금 2꼬집을 넣어 달걀물을 만든다. 이후 올리브오일 1/2스푼을 둘러 달군 팬에 부어 달걀지단을 만들고 한 김 식힌 후 얇게 썬다.

2 살게 찢은 크래미와 채 썬 양배추를 함께 섞어 크래미양배추샐러드를 만든다.

3 올리브오일 1/2스푼을 둘러 달군 팬에 채 썬 당근과 소금 한 꼬집을 넣고 함께 볶는다.

4 부추는 끓는 물에 30초간 데친 후 차가운 물에 헹궈 물기를 제거하고, 소금과 통깨를 각 한 꼬집씩 넣고 버무린다.

5 김 위에 달걀지단을 골고루 펴 올린 후 그 위에 크래미양배추샐러드-부추-당근을 순서대로 올린다.

6 단단하게 말아낸 후 먹기 좋은 크기로 썬다.

밥 없이도 맛있는

닭고야 김밥

다이어트 식단 하면 가장 먼저 떠오르는 3가지(닭가슴살, 고구마, 야채)로 만든 '닭고야' 레시피예요. 포만감이 높은 재료들 위주로 구성되어 있기 때문에 '포만감 갑! 메뉴'라고도 자부할 수 있답니다.

분량

1줄(1회분)

Mejong's Tip

• 꾸덕한 질감의 그릭요거트는 김 위
  에 균일하게 올리기 쉽지 않으므로
  작은 스푼 2개를 이용해 조금씩 나
  눠서 떠 올리는 것이 좋아요.
• 퍽퍽한 식감의 밤고구마보다는 부
  드러운 식감의 호박고구마를 사용
  하면 김 위에 쉽게 잘 펴져요.

 재료

김밥김 1장
구운 고구마 120g
수비드닭가슴살 100g
오이 1개
그릭요거트 50g
호두 5알
소금 1/2작은스푼

 만드는 법

1 오이는 가운데 씨 부분을 제거한 후 잘게 채 썬다. 이후 소금 1/2
   작은스푼을 넣고 10분간 절인 후 물기를 제거한다.

2 수비드닭가슴살은 손으로 잘게 찢는다.

3 구운 고구마는 껍질을 벗기고 부드럽게 으깬다.

4 김 위에 으깬 고구마를 얇게 펴 바른다.

5 고구마 위에 오이 – 수비드닭가슴살 – 그릭요거트 – 잘게 부순 호
   두를 순서대로 올린다.

6 단단하게 말아낸 후 먹기 좋은 크기로 썬다.

오트밀템페 김밥

다이어트 할 때 즐겨먹던 오트밀 죽에서 아이디어를 얻어 꾸덕한 식감의 두유 오트밀 죽을 넣어 만들어 봤어요. 동물성 재료가 들어가지 않아 담백한 맛이 매력적이에요.

Mejong's Tip

• 2번 과정 조리 시 꾸덕한 질감이 나올 수 있도록 두유의 양과 전자레인지 조리 시간을 가감해주세요.
• 저칼로리 스위트칠리소스를 곁들여 먹어도 맛있어요.

 재료

김밥김 1장
오트밀 35g
템페 80g
미니새송이버섯 5개
어린잎 한 줌(30g)
무가당 두유 100ml
빨강 파프리카 1/4개
노랑 파프리카 1/4개
올리브오일 1/2스푼
소금 2꼬집
후추 한 꼬집

 만드는 법

1 미니새송이버섯은 잘게 다진다.

2 오트밀에 두유, 미니새송이버섯, 소금 한 꼬집을 넣고 잘 섞어 전자레인지에 3분간 돌린 후 한 김 식힌다.

3 템페는 얇게 썰어 소금 한 꼬집과 후추 한 꼬집으로 밑간을 한 후 소량의 올리브오일을 둘러 달군 팬에 넣고 굽는다.

4 파프리카는 얇게 썬다.

5 김 위에 2의 오트밀을 얇게 펴 깔아준 후 템페 – 파프리카 – 어린잎을 순서대로 올린다.

6 단단하게 말아낸 후 먹기 좋은 크기로 썬다.

밥 없이도 맛있는

라이트누들 김밥

다양한 채소가 들어 있는 다이어트 메뉴로 인기가 많은 월남쌈에서 아이디어를 얻어 탄생한 레시피입니다. 병아리콩과 곤약으로 만들어진 라이트누들을 사용해 칼로리에 대한 부담을 줄였어요. 차갑게 해서 먹어도 정말 맛있답니다.

김밥김 1½장

라이트누들 1팩

불고기용 돼지고기 100g

당근 50g

양파 20g

깻잎 6장

오이 1/2개

노랑 파프리카 1/3개

소금 1/2작은스푼

식초 1스푼

저칼로리 스위트칠리소스 2스푼

간장불고기소스(진간장 1/2스푼, 알
룰로스 1스푼, 참기름 1/2스푼, 다진
마늘 1개 분량)

 만드는 법

1 채 썬 당근과 양파에 소금 1/2작은스푼을 넣고 절인다. 이후 꼭
   짜서 물기를 제거하고 식초 1스푼을 넣고 버무려 채소피클을 만
   든다.

2 불고기용 돼지고기는 간장불고기소스에 10분간 재워둔 후 마른
   팬에 넣고 볶는다.

3 파프리카는 얇게 썬다.

4 오이는 씨 부분을 제거하고 채 썰어 준비한다.

5 깻잎은 끝부분을 다듬어 준비한다.

6 라이트누들은 흐르는 물에 헹군 후 물기를 제거한다.

7 김 1장과 1/2장을 서로 겹쳐 넣고 그 위에 라이트누들을 골고루
 펴 올린다.

8 깻잎 3장 – 2의 간장불고기 – 채소피클 – 파프리카 – 오이를 순서
 대로 올린 후 나머지 깻잎 3장을 올린다.

9 단단하게 말아낸 후 적당한 크기로 썰고 저칼로리 스위트칠리
 소스를 곁들여 먹는다.

Mejong's Tip
• 라이트누들에 남아있는 물기로 인해 김이 쪼그라들 수 있으므로 최대한 물기를 제
 거해주세요. 김 2장을 겹쳐 만들면 터질 염려 없이 더 탄탄하게 말 수 있어요.

밥 없이도 맛있는

메밀면 김밥

소바 김밥으로도 불리는 메밀면 김밥은 밥 없는 김밥 중 인기가 좋은 메뉴예요. 특히 부드러운 달걀말이와의 궁합이 좋고, 톡 쏘는 와사비가 들어있어 더욱 매력적이에요.

분량

1줄(1회분)

 재료

김밥김 1½장
메밀면 90g
달걀 3개
오이 1/2개
우엉 50g
깻잎 6장
올리브오일 1/2스푼
소금 2꼬집
와사비 약간
메밀면소스(연두 1/2스푼, 참기름
1/2스푼)
우엉조림소스(진간장 1스푼, 알룰
로스 2스푼)

 만드는 법

1 달걀 3개에 소금 2꼬집을 넣고 잘 풀어 달걀물을 만든다. 이후
   소량의 올리브오일을 둘러 달군 팬에 부어 두툼한 달걀말이를
   만든다.

2 달걀말이가 식기 전에 김발로 말아 각진 모양을 만든다.

3 팬에 얇게 채 썬 우엉과 우엉조림소스를 함께 넣고 졸여 우엉조
   림을 만든다.

4 오이는 씨 부분을 제외하고 길게 채 썬다.

5 메밀면은 삶은 후 물기를 제거하고 메밀면소스와 잘 버무린다.

6 김 1장과 1/2장을 서로 겹쳐 놓고 그 위에 메밀면을 골고루 펴 올
   린다.

7 6 위에 깻잎 3장을 올리고 달걀말이-오이-우엉조림을 순서대
　　로 올린다.

8 달걀말이 위에 와사비를 듬성듬성 짜 올린 후 깻잎 3장으로 재
　　료를 덮는다.

9 단단하게 말아낸 후 먹기 좋은 크기로 썬다.

Mejong's Tip

• 메밀면은 메밀 함량 100% 제품 혹은 밀가루 함량이 적은 제품을 사용해주세요.
• 메밀면에 남아있는 물기로 인해 김이 쪼그라들 수 있으므로 최대한 물기를 제거
　해주세요.
• 김 2장을 겹치면 터질 염려 없이 더 탄탄하게 말 수 있어요.

그릭연어 오이롤

김밥김 대신 얇게 썬 오이를 사용하여 김과 밥이 모두 들어가지 않은 김밥이에요! 재료도 만드는 법도 아주 간단하지만, 고급스러운 비주얼과 맛을 자랑하기 때문에 홈파티나 손님 대접 요리로도 추천하는 레시피랍니다.

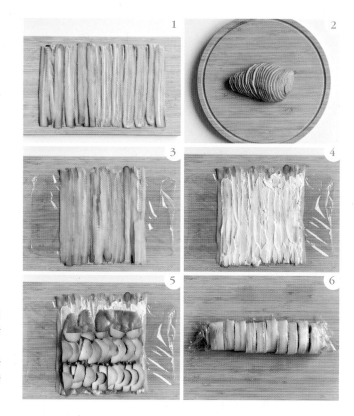

Mejong's Tip

- 자를 때 모양이 흐트러지기 쉬우니 랩으로 만 상태에서 자른 후 랩을 벗겨주세요.
- 훈제연어가 아닌 일반 연어를 사용할 때에는 최대한 얇게 잘라 사용해주세요.

 → 재료

훈제연어 150g
오이 1개
그릭요거트 40g
아보카도 1/2개
케이퍼 15알

 → 만드는 법

1   오이는 길게 썬 후 키친타월로 물기를 제거한다.

2   아보카도는 얇게 썬다.

3   랩을 깔고 그 위에 물기를 제거한 오이의 1/2 부분이 서로 겹치도록 1열로 놓는다.

4   오이 위에 그릭요거트를 얇게 펴 바른다.

5   그릭요거트 위에 훈제연어와 아보카도를 최대한 겹치지 않도록 올린 후 마지막으로 케이퍼를 올린다.

6   모양이 흐트러지지 않도록 주의하며 랩으로 단단하게 말아낸 후 먹기 좋은 크기로 썬다.

쌈두부말이

김밥김 대신 쌈두부를 사용하여 그 안에 각종 채소와 닭가슴살을 넣고 돌돌 말았어요. 겨자소스에 콕 찍어 먹으면 한여름 시원한 초계국수가 떠오르기도 하는 매력적인 레시피랍니다.

분량

10개(1회분)

 재료

쌈두부 1팩(10장)

수비드닭가슴살 100g

빨강 파프리카 1/2개

노랑 파프리카 1/2개

오이 1/3개

쌈무 5장

부추 약간(10줄기)

겨자소스(진간장 1작은스푼, 스테비아 1작은스푼, 식초 2작은스푼, 연겨자 1작은스푼)

 만드는 법

1 파프리카와 오이는 쌈두부 길이에 맞춰 채 썬다.

2 수비드닭가슴살도 쌈두부 길이에 맞춰 채 썬다.

3 쌈무는 반으로 자른다.

4 부추는 끓는 물에 20초간 데친 후 물기를 제거한다.

5 쌈두부는 흐르는 물에 씻은 후 물기를 제거한다.

6 쌈두부 위에 쌈무-파프리카-오이-수비드닭가슴살을 순서대로 올리고 돌돌 말아낸다.

7 부추로 쌈두부를 말아 고정시킨다.

8 겨자소스에 곁들여 먹는다.

Mejong's Tip

• 큰 사이즈의 포두부를 사용하여 만들어도 좋아요. 이럴 경우 김밥김을 1½~2장 정도의 크기로 잘라 사용해주세요.

139

밥 없이도 맛있는

단호박오리
김밥

훈제오리와 단호박은 다른 요리에서도 검증된 조합인 만큼 자신있게 소개하고 싶은 레시피 중 하나예요. 특별한 간을 하지 않아도 쌈무가 제 역할을 톡톡히 하고 있으니 꼭 잊지 말고 넣어주세요!

분량

1줄(1회분)

Mejong's Tip

• 쌈무의 새콤달콤한 맛을 좋아한다면 4번 과정에서 쌈무를 기존 레시피 양의 2배로 넣어보세요.
• 다소 퍽퍽한 식감의 밤호박을 사용할 경우 으깨는 과정에서 물이나 알룰로스를 추가해 질감을 부드럽게 만들어주세요.

 재료

 만드는 법

김밥김 1장
단호박 120g
오리고기 150g
깻잎 8장
오이고추 2개
쌈무 5장
통깨 한 꼬집

1 오리고기는 뜨거운 물에 데쳐 기름기를 제거한 후 마른 팬에 넣고 굽는다.

2 단호박은 전자레인지에서 5분간 익히고 잘 으깬 후 한 김 시킨다.

3 김 위에 으깬 단호박을 골고루 펴 올린다.

4 단호박 위에 깻잎 4장 - 쌈무 - 오리고기 - 오이고추 - 깻잎 4장을 순서대로 올린다.

5 단단히 말아낸 후 먹기 좋은 크기로 썰고 통깨 한 꼬집을 뿌려 마무리한다.

후무스 김밥

후무스 특유의 이국적인 향과 맛을 좋아한다면 후무스가 아낌없이 들어간 이 레시피를 추천해요. 동물성 재료 없이 병아리콩과 두부 베이스의 재료들로 식물성 단백질을 듬뿍 챙길 수 있는 메뉴랍니다.

Mejong's Tip
• 시판용 후무스를 사용할 경우 물기가 적은 제품을 사용해주세요.

 재료

김밥김 1장
후무스 130g
두부텐더 3조각
당근 90g
우엉 80g
깻잎 3장
흰 단무지 1개
올리브오일 1/2스푼
소금 한 꼬집
우엉조림소스(진간장 1스푼, 알룰로스 2스푼)

 만드는 법

1 후무스는 25쪽을 참고해 준비한다.

2 두부텐더는 180℃의 에어프라이에서 10분간 익힌다.

3 마른 팬에 채 썬 우엉과 우엉조림소스를 함께 넣고 졸이며 우엉조림을 만든다.

4 소량의 올리브오일을 둘러 달군 팬에 채 썬 당근과 소금 한 꼬집을 넣고 함께 볶는다.

5 김 위에 후무스를 얇게 펴 깔아준다.

6 그 위에 두부텐더-당근-우엉조림-단무지-깻잎을 순서대로 올린다.

7 단단하게 말아낸 후 먹기 좋은 크기로 썬다.

밥 없이도 맛있는

두부소보로
김밥

소보로처럼 새하얀 비주얼의 으깬 두부에 향긋한 쑥 갓을 함께 무치면 맛있는 두부쑥갓무침이 완성돼요. 단독으로 먹어도 맛있지만 달걀, 치즈와 함께 먹으 면 그 맛이 배가 된답니다.

Mejong's Tip

• 6번 과정에서 두부쑥갓무침이 서
로 잘 뭉쳐지도록 꾹꾹 누르며 올
려주세요.
• 쑥갓 대신 냉이, 톳, 브로콜리 등 다
양한 채소로 바꿔 응용해보세요.

 재료

김밥김 1장

두부 200g

달걀 1개

쑥갓 60g

올리브오일 1/2스푼

소금 한 꼬집

저염 슬라이스치즈 1장

두부쑥갓무침소스(국간장 1스푼, 참
기름 1½스푼, 통깨 1스푼)

 만드는 법

1 달걀에 소금 한 꼬집을 추가하여 달걀물을 만든다. 이후 소량의
올리브오일을 둘러 달군 팬에 부어 달걀지단을 만들고 김밥김
길이에 맞춰 모양을 잡는다.

2 쑥갓은 먹기 좋은 크기로 자른다.

3 끓는 물에 쑥갓 줄기와 잎을 순서대로 넣고 2분간 익혀 숨을 죽
인다. 그런 다음 차가운 물에 헹군 후 꼭 짜서 물기를 제거한다.

4 두부는 면보로 꼭 짜서 물기를 제거한다.

5 물기를 제거한 두부에 쑥갓과 두부쑥갓무침소스를 넣고 함께
섞어 두부쑥갓무침을 만든다.

6 김 위에 달걀지단과 저염 슬라이스치즈를 올린 후 그 위에 두부
쑥갓무침을 올린다.

7 단단하게 말아낸 후 먹기 좋은 크기로 썬다.

3

간단한 별미
김밥

앞에서는 돌돌 말아 썰어 완성하는 일반적인 김밥을 주로 소개했다면, 이번에는 꼬마김밥, 삼각김밥, 김밥 플레이트 등 다양한 형태의 김밥 레시피를 소개합니다. 김밥을 만들 때 옆구리가 터질까 조마조마했다면, 이 레시피들을 통해 김밥을 보다 쉽게 즐겨보세요! 만들기 간편하고 재료간의 조화가 좋은 매력만점 별미 메뉴들이 준비되어 있답니다.

치즈어묵 꼬마김밥

짭조름한 어묵과 우엉에 고소한 치즈를 돌돌 말아 완성한 별미 김밥입니다. 길이가 짧은 꼬마김밥인 만큼 만드는 과정에서 터질 염려가 적은 레시피예요.

분량

6줄(1회분)

Mejong's Tip

- 어묵은 어육 함량이 높은 제품을 사용해주세요.
- 아담한 크기의 김밥이라 취향에 따라 통째로 베어 먹어도 좋고 먹기 좋은 크기로 잘라 먹어도 좋아요.

 재료

김밥김 2장
곤약밥 150g
슬라이스 사각어묵 150g(4장)
우엉 80g
저염 슬라이스치즈 2장
참기름 1/2스푼
소금 한 꼬집
통깨 한 꼬집
우엉조림소스(진간장 1스푼, 알룰로스 2스푼)

 만드는 법

1 어묵은 얇고 길게, 우엉은 얇게 채 썬다.

2 마른 팬에 어묵을 넣고 볶는다.

3 마른 팬에 우엉과 우엉조림소스를 넣고 충분히 졸여 우엉조림을 만든다.

4 곤약밥에 참기름 1/2스푼과 소금 한 꼬집을 넣고 잘 섞는다.

5 김밥 2장은 각각 3등분하여 총 6조각을 만들고, 저염 슬라이스치즈 2장도 각각 3등분하여 총 6조각을 만든다.

6 김 위에 곤약밥을 얇게 펴 깔아준다.

7 곤약밥 위에 어묵 - 우엉조림 - 저염 슬라이스치즈를 동일한 양으로 순서대로 올린 후 잘 말아내고 통깨를 뿌려 완성한다.

매콤참치
사각김밥

흔히 아는 돌돌 말아 만드는 김밥이 아니라, 재료를
차곡차곡 샌드위치처럼 쌓아 올려 만드는 사각김밥
이에요. 터질 염려도 적고 무엇보다 매콤한 참치밥
은 비빔밥을 먹는 듯한 느낌이 든답니다.

 재료

김밥김 1¼장

현미밥 100g

통조림참치 85g

달걀 1개

아보카도 1/2개

양파 35g

올리브오일 1/2스푼

매콤참치소스(저당고추장 1/3스푼, 스리라차소스 1스푼, 알룰로스 1스푼, 통깨 한 꼬집, 레몬즙 3방울)

 만드는 법

1　양파는 잘게 다지고 아보카도는 얇게 자른다.

2　소량의 올리브오일을 둘러 달군 팬에 달걀을 구워 달걀프라이를 만든다.

3　매콤참치소스 재료를 모두 섞는다.

4　참치는 기름기를 제거한다.

5　현미밥에 매콤참치소스와 참치, 다진 양파를 모두 넣고 골고루 섞어 참치밥을 만든다.

6　김 한 장을 다이아몬드 모양으로 놓고 가운데 부분에 참치밥 1/2 분량을 사각 모양으로 올린다.

7 참치밥 위에 달걀프라이-아보카도를 순서대로 올린다.

8 아보카도의 빈 면을 채우듯 그 위에 남은 참치밥을 올린다.

9 참치밥 위에 김 1/4장을 올린 후 가장 아랫면 김의 모서리 부분
을 올려 잘 감싼다.

10 랩으로 단단하게 감싼 후 2등분한다.

Mejong's Tip

• 매운 음식을 못 먹는 이들도 부담 없이 즐길 수 있는 맵기입니다. 더 맵게 만들고 싶
다면 4번 과정에서 청양고추를 잘게 다져 추가해보세요.

D.I.Y. 김밥 플레이트

김밥 속재료를 한 플레이트에 모두 올려 밥과 재료들을 직접 싸 먹는 Do It Yourself 김밥 플레이트예요. 따로 모양을 잡는 작업이 필요 없기 때문에 재료의 양을 배로 늘려 홈파티나 손님 초대 시 대량으로 준비하기에도 좋아요.

분량

1회분

Mejong's Tip

• 연어회, 참치회 대신 좋아하는 다
  양한 식재료로 응용해도 좋아요.
  광어회, 새우, 크래미 등과도 잘 어
  울린답니다.

 재료

김밥김 2장

현미밥 100g

연어회 70g

참치회 70g

양파 40g

무순 약간(데코용)

후리가케 약간

꼬들단무지 15g

단촛물소스(식초 1작은스푼, 스테비
아 2꼬집, 소금 한 꼬집)

 만드는 법

1 양파는 얇게 채 썬다.

2 꼬들단무지는 잘게 다지고, 데코용 무순은 적당량 준비한다.

3 연어회와 참치회는 큐브 모양으로 썬다.

4 현미밥에 단촛물소스를 넣고 잘 섞는다.

5 김 2장은 8등분한다.

6 접시 위에 준비한 재료를 올리고 현미밥 위에 후리가케를 뿌려
   마무리한다.

통오이참치마요 김밥

통오이 하나를 밥과 함께 돌돌 말아준 후 참치마요 토핑을 올려 먹는 간단한 레시피예요. 통오이의 시원하고 아삭한 식감에 참치마요의 짭쪼름하고 고소한 맛이 잘 어울린답니다.

Mejong's Tip
• 휘어진 모양의 오이보다는 일자 모
양의 오이를 사용해야 더 예쁜 모
양으로 말 수 있어요.

 재료

김밥김 1장
현미곤약밥 150g
통조림참치 100g
오이 1개
참기름 1/2스푼
소금 한 꼬집
통깨 한 꼬집
저당마요네즈 2스푼

 만드는 법

1   채칼로 오이 겉면의 가시를 제거한다.

2   현미곤약밥에 참기름 1/2스푼과 소금과 통깨를 각 한 꼬집씩 넣고 잘 섞는다.

3   참치는 체에 받친 후 뜨거운 물로 기름기를 제거하고 물기를 꼭 짠다. 그런 다음 저당마요네즈 2스푼을 넣고 함께 버무려 참치마요를 만든다.

4   김 위에 현미곤약밥을 펴 깔아준 후 오이를 올리고 단단하게 말아낸다.

5   먹기 좋은 크기로 썬 후 3의 참치마요를 취향껏 올려 마무리한다.

김치날치알 김밥

아삭한 김치와 톡톡 튀는 날치알이 잘 어우러져 다양한 식감을 즐길 수 있는 레시피예요. 닭안심살과 어린잎으로 단백질과 채소도 야무지게 챙겼답니다.

분량

1줄(1회분)

Mejong's Tip
• 2번 과정에서 청주 대신 레몬즙
  을 희석한 레몬물을 사용해도 괜
  찮아요.

 재료

김밥김 1장
현미밥 100g
닭안심살 100g
날치알 골드 50g
김치(줄기 부분) 50g
어린잎 한 줌(25g)
꼬들단무지 10g
참기름 1/2스푼
소금 2꼬집
후추 한 꼬집
통깨 1/2스푼
청주 70ml

 만드는 법

1 닭안심살에 소금과 후추를 각 한 꼬집씩 뿌려 밑간을 한 후 180℃
   의 에어프라이어에서 15분간 굽는다.

2 날치알은 청주에 담가 두어 비린 맛을 제거한 후 물기를 제거하다

3 김치와 꼬들단무지는 잘게 자른다.

4 현미밥에 김치, 꼬들단무지, 날치알, 참기름 1/2스푼, 통깨 1/2
   스푼, 소금 한 꼬집을 넣고 잘 섞는다.

5 김 위에 4를 골고루 펴 깔아준다.

6 그 위에 어린잎과 닭안심살을 올린다.

7 단단하게 말아낸 후 먹기 좋은 크기로 썬다.

간단한 별미

소고기
삼각김밥

지방 함량이 낮은 우둔살에 다양한 채소를 듬뿍 넣어 만든 알록달록한 볶음밥을 삼각김밥 모양으로 만든 레시피예요. 보기만 해도 귀여워서 만들고 나면 흐뭇한 미소가 지어진답니다.

분량

6개(2회분)

Mejong's Tip

• 삼각김밥 틀이 없다면 손으로 직접
  모양을 잡고 랩으로 감싸 모양을
  단단하게 해주어도 좋아요.
• 에어프라이어를 활용해 겉을 살짝
  구워 먹어도 별미랍니다!

 재료

김밥김 1장
현미밥 200g
다진 우둔살 200g
당근 1/2개
새송이버섯 1개
애호박 1/2개
올리브오일 1/2스푼
굴소스 1스푼
소금 3꼬집

 만드는 법

1 당근, 새송이버섯, 애호박은 잘게 다진다.

2 소량의 올리브오일을 둘러 달군 팬에 1을 넣고 볶다가 다진 우
   둔살을 넣고 추가로 볶는다.

3 채소와 고기가 익을 때쯤 현미밥과 굴소스 1스푼을 넣고 볶다가
   소금 3꼬집을 추가하여 간을 맞춘다.

4 완성된 볶음밥은 한 김 식힌 후 삼각김밥 틀에 빈틈없이 잘 눌러
   담아 모양을 잡는다.

5 김은 삼각김밥 크기에 맞춰 6장 잘라 준비한다.

6 삼각김밥 위에 김을 붙여 완성한다.

무스비 김밥

흰 쌀밥에 스팸과의 조합이 가장 먼저 떠오르는 무
스비 김밥이지만 현미곤약밥과 닭가슴살햄으로 대
체해 다이어터를 위한 영양만점 무스비 김밥을 만들
어보세요. 귀여운 비주얼은 덤이랍니다!

2개(2회분)

Mejong's Tip

• 4번 과정에서 달걀지단을 자를 때
닭가슴살햄 통을 활용하면 더욱 편
리해요.
• 볶음밥에 수분이 많은 경우 무스비
모양이 잘 잡히지 않을 수 있으니
2번 과정에서 채소의 수분을 충분
히 날려주세요.

 재료

김밥김 1장
현미곤약밥 200g
통조림 닭가슴살햄 100g
달걀 2개
대파 30g(1/4대)
당근 50g
올리브오일 1스푼
소금 한 꼬집

 만드는 법

1 파와 당근은 잘게 다진다.

2 올리브오일 1/2 스푼을 둘러 달군 팬에 파와 당근을 넣고 볶다
가 현미곤약밥을 넣고 추가로 더 볶는다.

3 닭가슴살햄은 50g씩 2등분하여 두께감 있게 썬 후 마른 팬에 넣
고 굽는다.

4 달걀에 소금 한 꼬집을 넣고 풀어 달걀물을 만든 후 올리브오일
1/2 스푼을 둘러 달군 팬에 부어 달걀지단을 만든다. 이후 닭가
슴살햄 크기에 맞춰 모양을 잡는다.

5 닭가슴살햄 통에 랩을 씌운 후 2의 볶음밥−달걀지단−닭가슴살
햄−볶음밥을 순서대로 꾹꾹 눌러 담아 무스비를 만든다.

6 무스비 크기에 맞춰 자른 김을 5의 겉에 둘러 달군 후 먹기 좋은
크기로 썰어 완성한다.

라이스페이퍼 투명 김밥

김밥김의 검은 면은 안에 숨기고 라이스페이퍼로 밥을 감싸 겉면을 투명하게 만들었어요. 누드 김밥이 연상되는 레시피지만, 라이스페이퍼 덕분에 쫄깃한 식감을 즐길 수 있답니다.

분량

2줄(1회분)

 재료

김밥김 1장
현미밥 100g
라이스페이퍼 2장
크래미 180g
오이 1개
유기농 스위트콘 1스푼
저당마요네즈 1½스푼
소금 1/2작은스푼
후리가케 약간(데코용)
단촛물소스(식초 1작은스푼, 스테비
아 2꼬집, 소금 한 꼬집)

 만드는 법

1 오이는 씨 부분을 제외하고 채 썬다. 이후 소금 1/2 작은스푼을
   뿌려 10분 이상 절인 후 꼭 짜서 물기를 제거한다.

2 크래미는 잘게 찢는다

3 오이, 크래미, 유기농 스위트콘 1스푼, 저당마요네즈 1½스푼을
   함께 넣고 섞어 크래미샐러드를 만든다.

4 현미밥에 단촛물소스를 넣고 잘 섞는다.

5 김은 2등분한 후 라이스페이퍼 너비 크기에 맞춰 자른다.

6 김의 중간 부분에 현미밥을 얇게 퍼 깔아준다.

7 6을 뒤집어 차가운 물에 적신 라이스페이퍼 위에 붙인다.

8 그 위에 크래미샐러드를 올린다.

9 빈 틈이 생기지 않도록 꾹꾹 누르며 말아낸 후 라이스페이퍼의
   끈적함을 활용해 고정시킨다.

10 먹기 좋은 크기로 썬 후 후리가케를 뿌려 마무리한다.

Mejong's Tip
• 라이스페이퍼는 뜨거운 물 대신 차가운 물에 적셔야 도마 위에 덜 달라붙어 추후
  말기가 수월해요.

한입에 쏙
미니주먹밥

한입 가득 크게 만든 '뚠뚠이' 김밥도 좋지만, 한입에 쏙 넣어 오물오물 먹고 싶은 날도 있죠. 귀엽고 아담한 크기인 만큼 야외 피크닉이나 도시락 메뉴로도 안성맞춤이랍니다.

Mejong's Tip

• 5번 과정에서 레시피와 같이 한입
에 쏙 들어가는 작은 크기 대신 밥
을 2~3등분하여 큰 주먹밥으로도
즐겨보세요.

 재료

조미김 1봉(40g)

현미밥 100g

닭가슴살 100g

당근 35g

애호박 50g

어린잎 한 줌(30g)

꼬들단무지 15g

올리브오일 1/2스푼

참기름 1스푼

소금 2꼬집

후추 한 꼬집

통깨 1/2스푼

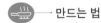 만드는 법

1 당근과 애호박은 잘게 다진다.

2 소량의 올리브오일을 둘러 달군 팬에 당근과 애호박을 넣고 볶
으며 소금과 후추를 각 한 꼬집씩 넣어 밑간을 한다.

3 꼬들단무지와 닭가슴살은 잘게 다진다.

4 현미밥에 참기름 1스푼, 통깨 1/2스푼, 소금 한 꼬집, 다진 닭가
슴살과 꼬들단무지, 볶은 애호박과 당근을 넣고 잘 섞는다.

5 적당량을 덜어 손으로 동글동글한 모양을 만든다.

6 조미김은 위생 비닐에 넣고 잘게 부순다.

7 부순 조미김에 주먹밥을 굴려 김을 골고루 묻힌 후 어린잎을 곁
들여 먹는다.

유부롤 김밥

다이어트 식단 하면 절대 빠지지 않는 두부유부초밥을 길다란 유부롤을 활용해 만들었어요. 에어프라이어에 살짝 구워 먹으면 유부의 짭쪼름함이 배가 되어 더 맛있게 즐길 수 있답니다.

롤유부초밥 1팩(동봉 김, 후리가
케 포함)

두부 500g

단촛물소스(식초 1스푼, 스테비아
1작은스푼, 소금 1/2작은스푼)

1 두부는 마른 팬에 잘게 부수면서 볶아 물기를 제거한다.

2 물기를 제거한 두부에 단촛물소스, 후리가케를 넣고 골고루 섞
   어 두부밥을 만든다.

3 유부 위에 김을 올린 후 두부밥을 2스푼씩 크게 올려 돌돌 말아
   낸다.

4 160°C의 에어프라이어에서 10분간 조리해 완성한다.

Mejong's Tip
• 3번 과정 시 두부밥이 흩어지지 않도록 뭉치듯 꾹꾹 누르며 유부를 말면 더 깔끔
  하게 말 수 있어요.
• 단촛물소스를 직접 만드는 대신 롤유부초밥 팩에 동봉된 소스를 사용해도 괜찮
  아요.